NOTES

SUR

L'ARITHMÉTIQUE

V

NOTES

SUR

L'ARITHMÉTIQUE

NOTES

SUR

L'ARITHMÉTIQUE

PREMIÈRE PARTIE

d'un petit Cours tout à fait pratique et élémentaire des opérations
fondamentales de l'arithmétique,

à l'usage des Jeunes Gens qui n'ont pas le temps d'étudier la théorie de ces opérations.

CETTE PREMIÈRE PARTIE COMPREND :

L'ADDITION, LA SOUSTRACTION, LA MULTIPLICATION ET LA DIVISION
DES NOMBRES ENTIERS ET DES NOMBRES DÉCIMAUX,
ET UN CAHIER D'EXERCICES GRADUÉS DES QUATRE OPÉRATIONS
POUR HABITUER
LES ÉLÈVES A CALCULER VITE ET BIEN.

Par L.-C., maître de pension.

DIJON

IMPRIMERIE J.-E. RABUTOT

place Saint-Jean, 1 et 3.

1860

MON CHER E....

Les élèves copient généralement si mal les leçons manuscrites qu'on leur dicte, que je me suis décidé à faire imprimer, pour ma classe seulement, la première partie de mes notes sur l'arithmétique pratique. Quant à la deuxième partie et à mes notes sur la grammaire, dont vous me parlez dans votre lettre, j'espère pouvoir les livrer à l'impression dans le courant de l'année scolaire 1859-60.

Ces notes, mon chér E..., ne sont pas, pour le moment, destinées à être mises en vente, car je n'en fais tirer qu'un petit nombre d'exemplaires. Peut-être que plus tard, lorsque j'aurai revu et corrigé le tout, je me déciderai à tenter cette périlleuse épreuve. Cependant, comme depuis longtemps déjà vous m'aviez demandé l'autorisation de copier ces notes pour vous en servir pour vos élèves, je me ferai un plaisir de vous en remettre quelques exemplaires aussitôt que l'impression sera terminée.

Maintenant, voici comment vous ferez apprendre cette première partie, si vous voulez suivre mes conseils :

Vous exigerez que les leçons soient toujours bien sues, ce que vous obtiendrez en suivant notre vieux principe : *Peu, mais bien.* Vous leur ferez comprendre l'utilité de bien apprendre leurs leçons en leur faisant voir, par exemple, que quand ils sauront la règle générale et l'application de cette règle sur les nombres entiers, ils apprendront très-facilement la règle générale sur les nombres décimaux, puisque la première partie de cette règle se compose de ce qu'ils auront appris dans celle des nombres entiers. Vous pourrez leur faire remarquer qu'il en est de même pour les autres opérations.

Vous trouverez aussi presque toujours les mêmes exemples pour l'application des règles; c'est à dessein que j'ai employé cette méthode : le élèves apprennent plus facilement leurs leçons, et plus tard ils n'éprouvent aucune difficulté pour faire l'application des règles sur des exemples quelconques.

Les exercices sur les quatre opérations ont pour but d'apprendre aux élèves à calculer vite et bien ; ces exercices devront donc faire partie des leçons et être *parfaitement* sus, surtout les exercices sur l'addition, qui est l'opération la plus utile de toutes. — Tant que vos élèves ne sauront pas *parfaitement* les exercices sur l'addition, vous les leur ferez répéter. — Vous ne ferez apprendre les exercices sur la multiplication et sur la division que quand vos élèves sauront bien *leurs tables* de multiplication et de division. Lorsqu'ils seront aux exercices sur la division, vous les leur ferez répéter au tableau, afin qu'ils trouvent eux-mêmes les chiffres qui doivent venir au quotient.

Dans les exercices sur l'addition, vous remarquerez que les retenues sont placées sous les colonnes qui les ont fournies ; voici pourquoi : Je suppose 1° qu'arrivé à l'addition d'une troisième colonne un élève se trompe en additionnant et que vous le lui fassiez remarquer, il devra recommencer le calcul du tout s'il a oublié la retenue, tandis qu'ici il n'a besoin que de voir la retenue placée sous la deuxième colonne pour recommencer l'addition de la troisième.

Je suppose 2° que vous ayez dix élèves ayant pour leçon les mêmes exercices ; lorsque l'élève que vous avez désigné additionne, les neuf autres doivent suivre sur leur livre ; mais si vous ne voulez pas faire additionner à cet élève tout l'exercice que vous lui avez indiqué, vous dites : *Un tel, continuez.* Alors le nouvel élève désigné jette rapidement un coup d'œil sur la retenue qui précède la colonne qu'il doit additionner et continue. Cette manière d'interrompre l'élève qui additionne pour faire continuer l'addition par un autre est le moyen de surprendre l'élève qui ne suit pas, ou qui étudie, par exemple, le numéro 2, présumant qu'on le lui fera additionner parce que son voisin additionne le numéro 1.

Tout à vous d'amitié.

L.-C.

16 octobre 1859.

NOTES SUR L'ARITHMÉTIQUE

ADDITION DES NOMBRES ENTIERS.

Qu'est-ce que l'addition?

L'addition est une opération qui a pour but de réunir plusieurs nombres donnés de même espèce en un seul, que l'on nomme somme ou total.

Que faut-il savoir pour être à même de faire une addition?

Pour être à même de faire une addition il faut savoir par cœur et parfaitement la somme de deux nombres quelconques exprimés par un seul chiffre, et connaître la règle applicable à chaque cas.

Comment arrive-t-on à graver dans sa mémoire la somme de deux nombres quelconques exprimés par un seul chiffre?

On arrive facilement à graver dans sa mémoire la somme de deux nombres quelconques exprimés par un seul chiffre au moyen d'une table qu'on appelle table d'addition.

Qu'est-ce que la table d'addition?

La table d'addition est un tableau qui contient l'addition successive des neuf nombres primitifs 1, 2, 3, 4, 5, 6, 7, 8, 9, à chacun d'eux.

Table d'addition.

1			**2**			**3**		
1 et 1	2		2 et 1	3		3 et 1	4
1 2	3		2 2	4		3 2	5
1 3	4		2 3	5		3 3	6
1 4	5		2 4	6		3 4	7
1 5	6		2 5	7		3 5	8
1 6	7		2 6	8		3 6	9
1 7	8		2 7	9		3 7	10
1 8	9		2 8	10		3 8	11
1 9	10		2 9	11		3 9	12

4			**5**			**6**		
4 et 1	5		5 et 1	6		6 et 1	7	
4	2	6	5	2	7	6	2	8
4	3	7	5	3	8	6	3	9
4	4	8	5	4	9	6	4	10
4	5	9	5	5	10	6	5	11
4	6	10	5	6	11	6	6	12
4	7	11	5	7	12	6	7	13
4	8	12	5	8	13	6	8	14
4	9	13	5	9	14	6	9	15

7			**8**			**9**		
7 et 1	8		8 et 1	9		9 et 1	10	
7	2	9	8	2	10	9	2	11
7	3	10	8	3	11	9	3	12
7	4	11	8	4	12	9	4	13
7	5	12	8	5	13	9	5	14
7	6	13	8	6	14	9	6	15
7	7	14	8	7	15	9	7	16
7	8	15	8	8	16	9	8	17
7	9	16	8	9	17	9	9	18

Comment apprend-on par cœur la table d'addition?

Pour apprendre par cœur la table d'addition, on apprend d'abord la somme de 1 avec chacun des neuf premiers nombres en disant : 1 et 1 font 2; 1 et 2 font 3, ou mieux 1 et 1, 2; 1 et 2, 3, etc. Quand on sait la somme de 1 avec chacun des neuf premiers nombres, on passe à la somme de 2, en disant de même : 2 et 1, 3; 2 et 2, 4, et ainsi de suite jusqu'à neuf inclusivement.

Combien distingue-t-on de cas dans l'addition des nombres entiers?

On distingue deux cas dans l'addition des nombres entiers, selon que les nombres proposés sont exprimés par un ou plusieurs chiffres.

Comment fait-on l'addition des nombres exprimés par un seul chiffre?

Pour faire l'addition des nombres exprimés par un seul chiffre, on ajoute au premier toutes les unités qui sont contenues dans le deuxième, puis à leur somme toutes les unités du troisième, et ainsi de suite.

Soit proposé d'ajouter 4 à 5.

Suivant la règle, je dis en comptant sur mes doigts

jusqu'à ce que je sois arrivé au quatrième, 5 plus 1, 6; plus 1, 7; plus 1, 8; plus 1, 9; de sorte que 5 plus 4, font 9.

Si aux nombres 4 et 5 j'avais un autre nombre à ajouter, par exemple, le nombre 3, je recommencerais de compter sur mes doigts jusqu'à ce que je sois arrivé au troisième, en disant : 9 plus 1, 10; plus 1, 11; plus 1, 12; de sorte que 5 plus 4, plus 3, ou 9 plus 3, font 12.

Comment fait-on l'addition des nombres exprimés par plusieurs chiffres, ou, plus simplement, comment fait-on l'addition?

RÈGLE GÉNÉRALE. — Pour faire l'addition on écrit les nombres proposés les uns au-dessous des autres, de manière que les unités de même ordre soient dans une même colonne verticale, c'est-à-dire que les unités soient sous les unités, les dizaines sous les dizaines, les centaines sous les centaines, etc. On souligne le dernier nombre pour le séparer de la somme que l'on écrira au-dessous. Cela fait, on additionne successivement, en allant de haut en bas et en commençant par la droite, les nombres contenus dans la première colonne; si la somme ne surpasse pas neuf, on l'écrit telle qu'on la trouve; mais si elle surpasse neuf, c'est-à-dire si elle contient des dizaines et des unités, on écrit seulement les unités ou zéro, si la somme est un nombre juste de dizaines, et l'on retient les dizaines pour les additionner avec les nombres contenus dans la deuxième colonne à gauche, qui est celle des dizaines. On opère sur cette deuxième colonne comme sur la première, et ainsi de suite pour toutes les colonnes suivantes, à l'exception de la dernière, au-dessous de laquelle on écrit la somme telle qu'on la trouve, et l'on obtient ainsi le résultat demandé, car il contient toutes les unités, toutes les dizaines, toutes les centaines, etc., c'est-à-dire toutes les parties des nombres proposés : donc il contient ces nombres eux-mêmes.

Donnez un exemple d'application de la règle générale de l'addition.

Soit proposé d'additionner les nombres 10, plus 337, plus 4, plus 865.

Tableau de l'opération.

```
    1 0
  3 2 7
      4
  8 6 5
```
Somme ou total 1 2 0 6 unités.

Suivant la règle, j'écris d'abord le premier nombre 10 unités.

J'écris ensuite le deuxième nombre 327 unités sous le premier, de manière que les 7 unités soient sous le 0, qui tient la place des unités dans le premier nombre, les 2 dizaines sous les dizaines, et les 3 centaines au premier rang à gauche des dizaines, puisqu'il n'y a point de centaines dans le premier nombre.

J'écris de même le troisième nombre 4 unités sous le deuxième, et le quatrième 865 unités sous le troisième.

Je souligne ce quatrième nombre 865. Cela fait, j'additionne successivement, en allant de haut en bas et en commençant par la droite, les nombres contenus dans la première colonne, en disant : 7 unités et 4 font 11 unités, et 5, 16 unités ; dans 16 unités il y a une dizaine et 6 unités ; j'écris les 6 unités sous la colonne des unités et je retiens 1 dizaine pour l'additionner avec les nombres de la deuxième colonne à gauche, qui est celle des dizaines : 1 dizaine de retenue et 1 font 2 dizaines, et 2, 4 dizaines, et 6, 10 dizaines ; dans 10 dizaines il y a juste 1 centaine ; j'écris 0 sous les dizaines, et je retiens 1 centaine pour l'additionner avec les nombres de la troisième colonne à gauche, qui est celle des centaines : 1 centaine de retenue et 3 font 4 centaines, et 8, 12 centaines, que j'écris sous les centaines, en plaçant le chiffre 2 sous les centaines et le chiffre 1 au rang des mille qu'il doit représenter, ce qui fait en tout 1206 unités, qui est le résultat demandé.

Qu'appelle-t-on preuve d'une opération ?

On appelle preuve d'une opération une seconde opération que l'on fait pour s'assurer de l'exactitude de la première.

Comment fait-on la preuve de l'addition ?

On peut faire la preuve de l'addition de plusieurs manières ; mais la plus simple, c'est de faire une deuxième addition en recommençant le calcul dans un ordre différent de celui qu'on a suivi en faisant la première : c'est-à-dire que si l'on a fait l'addition des différentes colonnes en comptant de haut en bas, on la refera en comptant de bas en haut, mais en commençant toujours par la première colonne à droite ; et si le résultat de cette deuxième addition est le même que celui de la première, on en conclura que la première avait été bien faite.

Donnez un exemple d'application de la règle qui indique la manière la plus simple de faire la preuve de l'addition.

Soit proposé de vérifier si le nombre 1206 est la somme des nombres 10 plus 327, plus 4, plus 865 unités.

Tableau de l'opération et de la preuve.

$$
\begin{array}{r}
1\,0 \\
3\,2\,7 \\
4 \\
8\,6\,5 \\
\hline
1\,2\,0\,6 \\
\hline
\end{array}
$$

Preuve   1 2 0 6   unités.

Puisque j'ai fait l'addition des différentes colonnes en comptant de haut en bas, pour en faire la preuve, je la referai en comptant de bas en haut, mais toujours en commençant par la droite, en disant : 5 unités et 4 font 9 unités, et 7, 16 unités ; dans 16 unités il y a 1 dizaine et 6 unités : j'écris les 6 unités sous la colonne des unités, et je retiens 1 dizaine pour l'additionner avec les nombres de la deuxième colonne à gauche, qui est celle des dizaines ; 1 dizaine de retenue et 6 font 7 dizaines, et 2, 9, et 1, 10 dizaines ; dans 10 dizaines, il y a juste 1 centaine : j'écris 0 sous la colonne des dizaines, et je retiens 1 centaine pour l'additionner avec les nombres de la troisième colonne à gauche, qui est celle des centaines ; 1 centaine de retenue et 8 font 9 centaines, et 3, 12 centaines que j'écris sous les centaines, en plaçant le chiffre 2 sous les centaines, et le chiffre 1 au rang des mille qu'il doit représenter ; et comme le résultat de cette deuxième addition est le même que celui de la première, j'en conclus que la première avait été bien faite.

Peut-on se dispenser, en faisant la preuve de l'addition, d'écrire de nouveau le résultat de l'addition des nombres contenus dans chaque colonne?

On peut se dispenser d'écrire de nouveau le résultat de l'addition des nombres contenus dans chaque colonne : il suffit pour cela de pointer chaque chiffre trouvé égal au premier. Ainsi, au lieu d'écrire le chiffre 6 de la preuve sous le chiffre 6 de l'addition, on met un point sous ce chiffre, ce qui indique que le chiffre des unités est vérifié exact. On fait de même pour tous les autres chiffres qui restent à vérifier.

Si, en faisant la preuve, on trouve un chiffre autre que celui qu'on a trouvé en faisant l'opération, que faut-il faire?

Si, dans le cours de l'opération, on trouve un chiffre autre que celui qu'on a trouvé en faisant la première, on recommence le calcul pour savoir d'où provient l'erreur.

Pratique des opérations.

TABLEAU.

$$
\begin{array}{r}
1\ 0 \\
3\ 2\ 7 \\
4 \\
8\ 6\ 5 \\
\hline
\end{array}
$$

Somme ou total	1 2 0 6 unités.
Preuve	1 2 0 6

Dans la pratique, comment fait-on?

Dans la pratique, on opère ainsi : 7 et 4, 11, et 5, 16 : j'écris 6 et je retiens 1 ; 1 et 1, 2, et 2, 4, et 6, 10 : j'écris 0 et je retiens 1 ; 1 et 3, 4, et 8, 12 : j'écris 12. Somme ou total, 1206 unités.

Preuve. — 5 et 4, 9, et 7, 16 : j'écris 6 et je retiens 1 ; 1 et 6, 7, et 2, 9, et 1, 10 : j'écris 0 et je retiens 1 ; 1 et 8, 9, et 3, 12 : j'écris 12. Je retrouve le même nombre 1206, la première addition a été bien faite.

ADDITION DES NOMBRES DÉCIMAUX.

Comment fait-on l'addition des nombres décimaux?

Règle générale. — Pour faire l'addition des nombres décimaux, on écrit les nombres proposés les uns au-dessous des autres, de manière que les unités de même ordre soient dans une même colonne verticale : c'est-à-dire que les unités soient sous les unités, les dizaines sous les dizaines, les centaines sous les centaines, etc.; puis les dixièmes sous les dixièmes, les centièmes sous les centièmes, les millièmes sous les millièmes, etc. On souligne le dernier nombre pour le séparer de la somme que l'on écrira au-dessous. Cela fait, on additionne successivement, en allant de haut en bas et en commençant par la droite les nombres contenus dans chaque colonne verticale, sans s'occuper des virgules, et comme si c'étaient des nombres entiers. On sépare à la fin, par une virgule, sur la droite de la somme ou total, autant de chiffres décimaux qu'il y en a dans celui des nombres proposés qui en contient le plus, et l'on obtient ainsi le résultat demandé, car il contient toutes les unités, toutes les dizaines, toutes les centaines, etc.; puis tous les dixièmes, tous les centièmes, tous les millièmes, etc.: c'est-à-dire toutes les parties des nombres proposés; donc il contient ces nombres eux-mêmes.

Donnez un exemple d'application de la règle générale pour l'addition des nombres décimaux.

Soit proposé d'additionner les nombres décimaux 327 unités 418 millièmes, 9 unités 07 centièmes, 46 unités 5 dixièmes, et 465 millièmes.

Tableau de l'opération.

$$
\begin{array}{r}
3\ 2\ 7,\ 4\ 1\ 8 \\
9,\ 0\ 7 \\
4\ 6,\ 5 \\
0,\ 4\ 6\ 5 \\
\hline
3\ 8\ 3,\ 4\ 5\ 3
\end{array}
$$

Suivant la règle, j'écris d'abord le premier nombre 327 unités 418 millièmes, en ayant soin de placer une virgule entre la partie entière et la partie décimale.

J'écris ensuite le deuxième nombre 9 unités 07 centièmes sous le premier, de manière que les 9 unités soient sous les 7 unités du premier nombre, le 0 qui tient la place des dixièmes sous les 4 dixièmes, et les 7 centièmes sous le 1 centième.

J'écris de même le troisième nombre 46 unités 5 dixièmes sous le deuxième, et le quatrième 465 millièmes sous le troisième, en mettant un 0 pour tenir lieu des unités.

Je souligne ce quatrième nombre 465 millièmes. Cela fait, j'additionne successivement, en allant de haut en bas et en commençant par la droite, les nombres contenus dans la première colonne, en disant : 8 millièmes et 5 font 13 millièmes; dans 13 millièmes il y a 1 centième et 3 millièmes : j'écris les 3 millièmes sous la colonne des millièmes, et je retiens 1 centième pour l'additionner avec les nombres contenus dans la colonne à gauche des millièmes, qui est celle des centièmes : 1 centième de retenue et 1 font deux centièmes, et 7, 9; et 6, 15 centièmes; dans 15 centièmes il y a 1 dixième et 5 centièmes : j'écris les 5 centièmes sous la colonne des centièmes, et je retiens 1 dixième pour l'additionner avec les nombres contenus dans la colonne à gauche des centièmes, qui est celle des dixièmes; 1 di-

xième de retenue et 4 font 5 dixièmes, et 5, 10; et 4,
14 dixièmes; dans 14 dixièmes il y a 1 unité et 4 dixièmes : j'écris les 4 dixièmes sous la colonne des dixièmes, et je retiens 1 unité pour l'additionner avec les
nombres contenus dans la colonne à gauche des dixièmes,
qui est celle des unités simples : 1 unité de retenue et 7
font 8 unités; et 9, 17; et 6, 23 unités; dans 23 unités il
y a 2 dizaines et 3 unités : j'écris les 3 unités sous la colonne des unités, et je retiens les 2 dizaines pour les additionner avec les nombres contenus dans la deuxième
colonne à gauche, qui est celle des dizaines; 2 dizaines de
retenue et 2 font 4 dizaines, et 4, 8 dizaines : j'écris les 8
dizaines sous la colonne des dizaines. Je passe ensuite à
la colonne suivante, qui est celle des centaines, et comme
elle n'en contient que 3, je les écris sous cette colonne;
puis je sépare par une virgule trois chiffres décimaux sur
la droite de la somme ou total, c'est-à-dire autant qu'il y
en a dans celui des nombres proposés qui en contient le
plus, ce qui fait en tout 383 unités 453 millièmes, qui est
le résultat demandé.

*Comment fait-on d'une manière plus abrégée l'addition
des nombres décimaux?*

Pour faire d'une manière plus abrégée l'addition des
nombres décimaux, on fait l'addition sans s'occuper des
virgules, et comme si c'étaient des nombres entiers. On
sépare à la fin, par une virgule sur la droite de la somme
ou total, autant de chiffres décimaux qu'il y en a dans
celui des nombres proposés qui en contient le plus, et l'on
a immédiatement le résultat demandé.

*Comment fait-on la preuve de l'addition des nombres dé-
cimaux?*

La preuve de l'addition des nombres décimaux se fait
de la même manière que celle des nombres entiers, c'est-
à-dire que si l'on a fait l'addition des différentes colonnes
en comptant du haut en bas, on la refera en comptant de
bas en haut, mais en commençant toujours par la première colonne à droite, et si le résultat de cette deuxième
addition est le même que celui de la première, on en conclura que la première avait été bien faite.

*Donnez un exemple d'application de la preuve de l'addi-
tion des nombres décimaux.*

Soit proposé de vérifier si le nombre 383 unités 453
millièmes est la somme des nombres 327 unités 418 mil-

lièmes, 9 unités 07 centièmes, 46 unités 5 dixièmes, et 465 millièmes.

Tableau de l'opération et de la preuve.

$$3\ 2\ 7,\ 4\ 1\ 8$$
$$9,\ 0\ 7$$
$$4\ 6,\ 5$$
$$0,\ 4\ 6\ 5$$

$$\overline{3\ 8\ 3,\ 4\ 5\ 3}$$

Preuve $3\ 8\ 3,\ 4\ 5\ 3$

Puisque j'ai fait l'addition des différentes colonnes en comptant de haut en bas, pour en faire la preuve je la refais en comptant de bas en haut, mais toujours en commençant par la première colonne à droite, en disant : 5 millièmes et 8 font 13 millièmes; dans 13 millièmes il y a 1 centième et 3 millièmes ; j'écris les 3 millièmes sous la colonne des millièmes, et je retiens 1 centième pour l'additionner avec les nombres contenus dans la colonne à gauche des millièmes, qui est celle des centièmes ; 1 centième de retenue et 6 font 7 centièmes; et 7, 14; et 1, 15 centièmes; dans 15 centièmes il y a 1 dixième et 5 centièmes : j'écris les 5 centièmes sous la colonne des centièmes, et je retiens 1 dixième pour l'additionner avec les nombres contenus dans la colonne à gauche des centièmes, qui est celle des dixièmes ; 1 dixième de retenue et 4 font 5 dixièmes ; et 5, 10; et 4, 14 dixièmes; dans 14 dixièmes il y a 1 unité et 4 dixièmes : j'écris les 4 dixièmes sous la colonne des dixièmes, et je retiens 1 unité pour l'additionner avec les nombres contenus dans la colonne à gauche des dixièmes, qui est celle des unités simples; 1 unité de retenue et 6 font 7 unités; et 9, 16; et 7, 23 unités ; dans 23 unités il y a 2 dizaines et 3 unités : j'écris les 3 unités sous la colonne des unités, et je retiens les deux dizaines pour les additionner avec les nombres contenus dans la colonne à gauche des unités, qui est celle des dizaines ; 2 dizaines de retenue et 4 font 6 dizaines, et 2 font 8 dizaines : j'écris les 8 dizaines sous la colonne des dizaines. Je passe ensuite à la colonne suivante, qui est celle des centaines, et comme elle n'en contient que 3, je les écris sous cette colonne. Le résultat de cette deuxième addition étant le même que celui de la première, j'en conclus que la première addition avait été bien faite.

Pratique des opérations.

TABLEAU.

$$
\begin{array}{r}
3\ 2\ 7,\ 4\ 1\ 8 \\
9,\ 0\ 7 \\
4\ 6,\ 5 \\
0,\ 4\ 6\ 5 \\
\hline
3\ 8\ 3,\ 4\ 5\ 3
\end{array}
$$

Preuve   3 8 3, 4 5 3

Dans la pratique, comment fait-on?

Dans la pratique, on opère ainsi : 8 et 5, 13 : j'écris 3 et je retiens 1 ; 1 et 1, 2 ; et 7, 9 ; et 6, 15 : j'écris 5 et je retiens 1 ; 1 et 4, 5 ; et 5, 10 ; et 4, 14 : j'écris 4 et je retiens 1 ; 1 et 7, 8 ; et 9, 17 ; et 6, 23 : j'écris 3 et je retiens 2 ; 2 et 2, 4 ; et 4, 8 : j'écris 8 ; 3, j'écris 3. Je sépare trois chiffres sur la droite par une virgule, et j'ai en tout 383 unités 453 millièmes.

Preuve. — 5 et 8, 13 : j'écris 3 et je retiens 1 ; 1 et 6, 7 ; et 7, 14 : et 1, 15 : j'écris 5 et je retiens 1 ; 1 et 4, 5 ; et 5, 10 ; et 4, 14 : j'écris 4, et je retiens 1 ; 1 et 6, 7 : et 9, 16 ; et 7, 23 : j'écris 3 et je retiens 2 ; 2 et 4, 6 ; et 2, 8 : j'écris 8 ; 3, j'écris 3. Je retrouve le même nombre 383 unités 453 millièmes, la première addition a été bien faite.

SOUSTRACTION DES NOMBRES ENTIERS.

Qu'est-ce que la soustraction?

La soustraction est une opération qui a pour but de retrancher un nombre d'un autre nombre de même espèce, pour connaître de combien le plus grand surpasse le plus petit. Le résultat se nomme *reste, excès* ou *différence.*

Que faut-il savoir pour être à même de faire une soustraction?

Pour être à même de faire une soustraction, il faut savoir par cœur et parfaitement le reste qu'on obtient en retranchant un nombre quelconque exprimé par un seul chiffre d'un autre nombre quelconque exprimé par un ou deux chiffres, sans toutefois que le reste soit plus grand que 9, et connaître la règle applicable à chaque cas.

Comment parvient-on à graver un pareil résultat dans sa mémoire?

On parvient à graver un pareil résultat dans sa mémoire au moyen d'une table qu'on appelle table de soustraction.

Qu'est-ce que la table de soustraction?

La table de soustraction est un tableau qui contient les différents restes que l'on trouve en retranchant chacun des neuf nombres primitifs des dix nombres consécutifs que l'on obtient en comptant à partir de chacun de ces nombres primitifs, c'est-à-dire :

En retranchant 1 des dix nombres consécutifs 1, 2, 3, 4, 5, 6, 7, 8, 9, 10 à partir de 1.

En retranchant 2 des dix nombres consécutifs 2, 3, 4, 5, 6, 7, 8, 9, 10, 11 à partir de 2.

En retranchant 3 des dix nombres consécutifs 3, 4, 5, 6, 7, 8, 9, 10, 11, 12 à partir de 3, et ainsi de suite jusqu'à 9 inclusivement.

Table de soustraction.

1

1 ôté de	1	reste 0
1	2	1
1	3	2
1	4	3
1	5	4
1	6	5
1	7	6
1	8	7
1	9	8
1	10	9

2

2 ôtés de	2	reste 0
2	3	1
2	4	2
2	5	3
2	6	4
2	7	5
2	8	6
2	9	7
2	10	8
2	11	9

3

3 ôtés de	3	reste 0
3	4	1
3	5	2
3	6	3
3	7	4
3	8	5
3	9	6
3	10	7
3	11	8
3	12	9

4

4 ôtés de	4	reste 0
4	5	1
4	6	2
4	7	3
4	8	4
4	9	5
4	10	6
4	11	7
4	12	8
4	13	9

5

5 ôtés de	5	reste 0
5	6	1
5	7	2
5	8	3
5	9	4
5	10	5
5	11	6
5	12	7
5	13	8
5	14	9

6

6 ôtés de	6	reste 0
6	7	1
6	8	2
6	9	3
6	10	4
6	11	5
6	12	6
6	13	7
6	14	8
6	15	9

7			**8**			**9**		
7 ôtés de 7 reste 0			8 ôtés de 8 reste 0			9 ôtés de 9 reste 0		
7	8	1	8	9	1	9	10	1
7	9	2	8	10	2	9	11	2
7	10	3	8	11	3	9	12	3
7	11	4	8	12	4	9	13	4
7	12	5	8	13	5	9	14	5
7	13	6	8	14	6	9	15	6
7	14	7	8	15	7	9	16	7
7	15	8	8	16	8	9	17	8
7	16	9	8	17	9	9	18	9

Comment apprend-on par cœur la table de soustraction?

Pour apprendre par cœur la table de soustraction, on apprend d'abord à ôter 1 des dix nombres consécutifs à partir de 1, en disant : 1 ôté de 1 reste 0 ; 1 ôté de 2 reste 1 ; etc. Quand on sait ôter 1 des dix nombres consécutifs à partir de 1, on passe à 2, en disant de même : 2 ôtés de 2 reste 0 ; 2 ôtés de 3 reste 1 ; et ainsi de suite jusqu'à 9 inclusivement.

Combien distingue-t-on de cas dans la soustraction des nombres entiers?

On peut distinguer deux cas dans la soustraction des nombres entiers :

1° Soustraire un nombre exprimé par un seul chiffre d'un nombre exprimé par un ou plusieurs chiffres ;
2° soustraire un nombre quelconque exprimé par plusieurs chiffres d'un nombre quelconque exprimé aussi par plusieurs chiffres : c'est le cas général de la soustraction.

Comment fait-on pour soustraire un nombre exprimé par un seul chiffre d'un nombre exprimé par un ou plusieurs chiffres?

Pour soustraire un nombre exprimé par un seul chiffre d'un nombre exprimé par un ou plusieurs chiffres, on retranche du plus grand nombre et successivement toutes les unités contenues dans le plus petit.

Soit proposé de soustraire 3 de 9.

Suivant la règle, je dis en comptant sur mes doigts jusqu'à ce que je sois arrivé au troisième : 9 moins 1, 8 ; moins 1, 7 ; moins 1, 6 : de sorte qu'en soustrayant 3 de 9, on trouve 6 pour reste. On dit aussi que 6 est l'excès de 9 sur 3 ou la différence de 3 à 9.

Si le plus grand nombre était exprimé par plusieurs chiffres, par exemple, si j'avais à retrancher 3 de 25 : je dirais de même en comptant sur mes doigts jusqu'à ce que je sois arrivé au troisième : 25 moins 1, 24 ; moins 1, 23 ; moins 1, 22 ; de sorte qu'en soustrayant 3 de 25, je trouverais 22 pour reste.

Comment fait-on pour soustraire un nombre quelconque exprimé par plusieurs chiffres d'un nombre quelconque exprimé aussi par plusieurs chiffres, ou, plus simplement, comment fait-on la soustraction?

RÈGLE GÉNÉRALE. — Pour faire la soustraction, on écrit d'abord le plus grand nombre, puis le plus petit sous le plus grand, de manière que les unités de même ordre soient dans une même colonne verticale, c'est-à-dire que les unités soient sous les unités, les dizaines sous les dizaines, les centaines sous les centaines, etc. On souligne le plus petit nombre pour le séparer du résultat, que l'on écrira au-dessous. Cela fait, on soustrait successivement, et en commençant par la droite, chaque chiffre du nombre inférieur de celui qui lui correspond dans le nombre supérieur ; on écrit, à chaque opération, le reste au-dessous, et zéro s'il ne reste rien.

Si l'un des chiffres du nombre inférieur est plus grand que celui qui lui correspond dans le nombre supérieur, la soustraction partielle correspondante ne peut pas s'effectuer ; alors, pour rendre la soustraction possible, on augmente de dix le chiffre supérieur trop faible, puis on retranche le chiffre inférieur du chiffre supérieur augmenté de dix ; on écrit le reste au-dessous ; mais comme on a ainsi augmenté le reste de dix unités de l'ordre sur lequel on opère, on retient une unité pour l'ajouter au premier chiffre inférieur à gauche de celui qu'on vient de soustraire, afin que le reste ne change pas. On obtient ainsi le résultat demandé, car, comme on a retranché du plus grand nombre toutes les unités, toutes les dizaines, toutes les centaines, etc., du plus petit, il est évident qu'on a réellement retranché le plus petit nombre du plus grand.

Donnez un exemple d'application de la règle générale de la soustraction.

Soit proposé de soustraire 46023 unités de 82405 unités.

Tableau de l'opération.

$$
\begin{array}{r}
8\ 2\ 4\ 0\ 5 \\
4\ 6\ 0\ 2\ 3 \\
\hline
\text{Reste}\quad 3\ 6\ 3\ 8\ 2
\end{array}
$$

Suivant la règle, j'écris d'abord le plus grand nombre 82405 unités.

J'écris ensuite le plus petit nombre 46023 sous le plus grand, de manière que les 3 unités soient sous les 5 unités du plus grand nombre, les 2 dizaines sous le 0 qui tient la place des dizaines, le 0 qui tient la place des centaines sous les 4 centaines, les 6 mille sous les 2 mille, et les 4 dizaines de mille sous les 8 dizaines de mille.

Je souligne le plus petit nombre 46023. Cela fait, je soustrais, en commençant par la droite, le chiffre inférieur 3 du chiffre 5 son correspondant dans le nombre supérieur, en disant : 3 unités ôtées de 5 unités, il reste 2 unités que j'écris sous les unités. Passant aux dizaines, je dis : 2 dizaines ôtées de 0 dizaine, cela ne se peut; j'ajoute 10 dizaines et 0 font 10 dizaines : 2 dizaines ôtées de 10 dizaines, il reste 8 dizaines que j'écris sous les dizaines, et je retiens 1 pour l'ajouter au premier chiffre inférieur à gauche de celui que je viens de soustraire, afin que le reste ne change pas; 1 de retenue et 0 font 1 centaine, ôtée de 4 centaines, il reste 3 centaines que j'écris sous les centaines. Opérant de même sur tous les chiffres qui restent à soustraire, je dis : 6 mille ôtés de 2 mille, cela ne se peut, j'ajoute 10 et 2 font 12 mille; 6 mille ôtés de 12 mille, il reste 6 mille que j'écris sous les mille et je retiens 1 ; 1 de retenue et 4 font 5 dizaines de mille, ôtées de 8 dizaines de mille, il reste 3 dizaines de mille que j'écris sous les dizaines de mille, et j'ai en tout pour reste 36382 unités, qui est le résultat demandé.

Quand une soustraction partielle ne peut pas s'effectuer, on augmente de dix le chiffre supérieur trop faible, et on n'ajoute qu'une seule unité au chiffre inférieur à gauche. Comment se fait-il alors que le reste ne change pas ?

C'est parce qu'une unité de l'ordre du chiffre qui est à la gauche de celui qu'on vient de soustraire en vaut dix de l'ordre du chiffre augmenté.

Si, par exemple, dans une soustraction, la soustraction partielle des dizaines ne peut pas s'effectuer, on augmente de dix dizaines le chiffre supérieur des dizaines, et on n'ajoute qu'une seule unité au chiffre qui est à gauche de celui qu'on vient de soustraire, parce que ce chiffre est de l'ordre des centaines, et qu'une centaine vaut dix dizaines.

Comment fait-on la preuve de la soustraction ?

Pour faire la preuve de la soustraction, on additionne le

plus petit nombre avec le reste ou le reste avec le plus petit nombre, et si l'opération a été bien faite on doit retrouver le plus grand, car le plus grand nombre doit contenir toutes les unités du plus petit et du reste.

Donnez un exemple d'application de la preuve de la soustraction.

Soit proposé de vérifier si 36382 unités est le reste de la soustraction de 46023 unités ôtées de 82405 unités.

Soustraction.

$$\begin{array}{r} \cdot\;\cdot\;\cdot\;\cdot\;\cdot \\ 8\;2\;4\;0\;5 \\ 4\;6\;0\;2\;3 \\ \hline 3\;6\;3\;8\;2 \\ \hline 8\;2\;4\;0\;5 \end{array}$$

Suivant la règle, j'additionne le plus petit nombre 46023 avec le reste 36382, en disant : 3 et 2, 5 : j'écris 5 ; 2 et 8, 10 : j'écris 0 et je retiens 1 ; 1 et 3, 4 : j'écris 4 ; 6 et 6, 12 : j'écris 2 et je retiens 1 ; 1 et 4, 5, et 3, 8 : j'écris 8. Comme je retrouve le plus grand nombre 82405 unités, la soustraction a été bien faite.

Ou bien j'additionne le reste 36382 avec le plus petit nombre 46023, en disant : 2 et 3, 5 : je pointe 5 ; 8 et 2, 10 : je pointe 0 et je retiens 1 ; 1 et 3, 4 : je pointe 4 ; 6 et 6, 12 : je pointe 2 et je retiens 1 ; 1 et 3, 4, et 4, 8 : je pointe 8. Comme tous les chiffres du plus grand nombre sont vérifiés exacts, la soustraction a été bien faite.

Pratique des opérations.

TABLEAU.

$$\begin{array}{r} \cdot\;\cdot\;\cdot\;\cdot\;\cdot \\ 8\;2\;4\;0\;5 \\ 4\;6\;0\;2\;3 \\ \hline 3\;6\;3\;8\;2 \\ \hline 8\;2\;4\;0\;5 \end{array}$$

Dans la pratique, comment fait-on ?

Dans la pratique, on opère ainsi : 3 ôtés de 5, il reste 2 : j'écris 2 ; 2 ôtés de 10, il reste 8 : j'écris 8 et je retiens 1 ; 1 ôté de 4, il reste 3 : j'écris 3 ; 6 ôtés de 12, il reste 6 : j'écris 6 et je retiens 1 ; 1 et 4, 5, ôtés de 8, il reste 3 : j'écris 3. Reste total, 36382.

Preuve. — 3 et 2, 5 : j'écris 5 ; 2 et 8, 10 : j'écris 0 et je retiens 1 ; 1 et 3, 4 : j'écris 4 ; 6 et 6, 12 : j'écris 2 et je retiens 1 ; 1 et 4, 5, et 3, 8 : j'écris 8. Je retrouve le plus grand nombre, la soustraction a été bien faite.

Ou bien, en pointant au lieu d'écrire chaque chiffre trouvé exact : 2 et 3, 5 : je pointe 5 ; 8 et 2, 10 : je pointe 0 et je retiens 1 ; 1 et 3, 4 : je pointe 4 ; 6 et 6, 12 : je pointe 2 et je retiens 1 ; 1 et 3, 4, et 4, 8 : je pointe 8. Je retrouve tous les chiffres du plus grand nombre, la soustraction a été bien faite.

SOUSTRACTION DES NOMBRES DÉCIMAUX.

Comment fait-on la soustraction des nombres décimaux?

Pour faire la soustraction des nombres décimaux, on distingue deux cas, selon que les nombres proposés contiennent ou ne contiennent pas le même nombre de chiffres décimaux.

Si les nombres proposés contiennent le même nombre de chiffres décimaux, on écrit d'abord le plus grand nombre, ensuite le plus petit sous le plus grand, de manière que les unités de même ordre soient dans une même colonne verticale, c'est-à-dire que les unités soient sous les unités, les dizaines sous les dizaines, les centaines sous les centaines, etc. : puis les dixièmes sous les dixièmes, les centièmes sous les centièmes, les millièmes sous les millièmes, etc. On souligne le plus petit nombre pour le séparer du résultat, que l'on écrira au-dessous. Cela fait, on soustrait successivement, en commençant par la droite, chaque chiffre du nombre inférieur de celui qui lui correspond dans le nombre supérieur, sans s'occuper des virgules, et comme si c'étaient des nombres entiers. On sépare à la fin par une virgule, à la droite du reste, autant de chiffres décimaux qu'il y en a dans l'un des deux nombres, et l'on obtient ainsi le résultat demandé : car comme on a retranché du plus grand nombre toutes les unités, toutes les dizaines, toutes les centaines, etc.; puis tous les dixièmes, tous les centièmes, tous les millièmes, etc., du plus petit, il est évident qu'on a réellement retranché du plus grand nombre toutes les parties du plus petit, et par conséquent ce plus petit lui-même.

Si les nombres proposés ne contiennent pas le même nombre de chiffres décimaux, on complète les décimales, c'est-à-dire qu'on écrit sur la droite du nombre qui n'a point de chiffres décimaux ou qui en a le moins, autant de zéros qu'il en faut pour que le nombre des chiffres décimaux soit égal de part et d'autre, et comme alors les deux nombres contiennent le même nombre de chiffres décimaux, la règle est la même que celle du premier cas.

Donnez un exemple d'application de la règle quand les nombres proposés contiennent le même nombre de chiffres décimaux.

Soit proposé de soustraire 460 unités 23 centièmes de 824 unités 05 centièmes.

Tableau de l'opération.

8 2 4, 0 5
4 6 0, 2 3

3 6 3, 8 2

Suivant la règle, j'écris d'abord le plus grand nombre 824 unités 05 centièmes.

J'écris ensuite le plus petit nombre 460 unités 23 centièmes sous le plus grand, de manière que les 3 centièmes soient sous les 5 centièmes du plus grand nombre, les 2 dixièmes sous le 0 qui tient la place des dixièmes, le 0 qui tient la place des unités sous les 4 unités, les 6 dizaines sous les 2 dizaines, et les 4 centaines sous les 8 centaines.

Je souligne le plus petit nombre 460 unités 23 centièmes. Cela fait, je soustrais, en commençant par la droite, le chiffre inférieur 3 du chiffre 5 son correspondant dans le nombre supérieur, en disant : 3 centièmes ôtés de 5 centièmes, il reste 2 centièmes que j'écris sous les centièmes. Passant aux dixièmes, je dis : 2 dixièmes ôtés de 0 dixième, cela ne se peut, j'ajoute 10 dixièmes et 0 font 10 dixièmes : 2 dixièmes ôtés de 10 dixièmes, il reste 8 dixièmes que j'écris sous les dixièmes, et je retiens 1 pour l'ajouter au premier chiffre inférieur à gauche de celui que je viens de soustraire, afin que le reste ne change pas; 1 de retenue et 0 font 1 unité, ôtée de 4 unités, il reste 3 unités que j'écris sous les unités. Opérant de même sur tous les chiffres qui restent à soustraire, je dis : 6 dizaines ôtées de 2 dizaines, cela ne se peut, j'ajoute 10 et 2 font 12 dizaines ; 6 dizaines ôtées de 12 dizaines, il reste 6 dizaines que j'écris sous les dizaines, et je retiens 1 : 1 de retenue et 4 font 5 centaines, ôtées de 8 centaines, il reste 3 centaines que j'écris sous les centaines, et j'ai en tout pour reste 363 unités 82 centièmes

Donnez un exemple d'application de la règle quand les

nombres proposés ne contiennent pas le même nombre de chiffres décimaux.

Soit proposé de soustraire 460 unités 23 centièmes de 824 unités 5 dixièmes.

Tableau de l'opération.

8 2 4, 5 0
4 6 0, 2 3
——————————
3 6 4, 2 7

Suivant la règle, j'écris d'abord le plus grand nombre 824 unités 5 dixièmes.

J'écris ensuite le plus petit nombre 460 unités 23 centièmes sous le plus grand, de manière que les 3 centièmes soient sous le 0 qui tiendra la place des centièmes dans le plus grand nombre, les 2 dixièmes sous les 5 dixièmes, le 0 qui tient la place des unités sous les 4 unités, les 6 dizaines sous les 2 dizaines, et les 4 centaines sous les 8 centaines.

Comme il n'y a qu'un chiffre décimal dans le plus grand nombre et que le plus petit en contient deux, j'écris un 0 sur la droite du plus grand nombre, afin que le nombre des chiffres décimaux soit égal de part et d'autre.

Je souligne le plus petit nombre 460 unités 23 centièmes. Cela fait, je soustrais, en commençant par la droite, le chiffre inférieur 3 du chiffre 0 son correspondant dans le nombre supérieur, en disant : 3 centièmes ôtés de 0 centième, cela ne se peut, j'ajoute 10 centièmes et 0 font 10 centièmes ; 3 centièmes ôtés de 10 centièmes, il reste 7 centièmes que j'écris sous les centièmes, et je retiens 1 pour l'ajouter au premier chiffre inférieur à gauche de celui que je viens de soustraire, afin que le reste ne change pas ; 1 de retenue et 2 font 3 dixièmes ôtés de 5 dixièmes, il reste 2 dixièmes que j'écris sous les dixièmes. Opérant de même sur tous les chiffres qui restent à soustraire, je dis : 0 unité ôtée de 4 unités, il reste 4 unités que j'écris sous les unités ; 6 dizaines ôtées de 2 dizaines, cela ne se peut, j'ajoute 10 et 2 font 12 dizaines ; 6 dizaines ôtées de 12 dizaines, il reste 6 dizaines que j'écris sous les dizaines, et je retiens 1 ; 1 de retenue et 4 font 5 centaines, ôtées de 8 centaines, il reste 3 centaines que j'écris sous les centaines, et j'ai en tout pour reste 364 unités 27 centièmes.

S'il n'y avait point de décimales dans l'un des deux nombres, comment feriez-vous la soustraction?

S'il n'y avait point de décimales dans l'un des deux

nombres, j'écrirais sur la droite du nombre qui n'en a pas autant de zéros qu'il y aurait de chiffres décimaux dans l'autre nombre, puis je ferais la soustraction d'après la règle connue.

Si, par exemple, il n'y avait point de décimales dans le plus petit nombre et qu'il y ait trois chiffres décimaux dans le plus grand, j'écrirais sur la droite du plus petit nombre trois zéros que je séparerais de la partie entière par une virgule, puis je ferais la soustraction conformément à la règle.

Comment fait-on la soustraction des nombres décimaux d'une manière plus abrégée ?

Pour faire la soustraction des nombres décimaux d'une manière plus abrégée, on complète, s'il y a lieu, les décimales, puis on fait la soustraction sans s'occuper des virgules et comme si c'étaient des nombres entiers. On sépare à la fin par une virgule, sur la droite du reste, autant de chiffres décimaux qu'il y en a dans l'un des deux nombres.

Comment fait-on la preuve de la soustraction des nombres décimaux ?

La preuve de la soustraction des nombres décimaux se fait de la même manière que celle des nombres entiers, c'est-à-dire qu'on additionne le plus petit nombre avec le reste ou le reste avec le plus petit nombre, et si l'opération a été bien faite on doit retrouver le plus grand, car le plus grand nombre doit contenir toutes les parties du plus petit et du reste.

Donnez un exemple d'application de la preuve de la soustraction des nombres décimaux.

Soit proposé de vérifier si 363 unités 82 centièmes est le reste de la soustraction de 460 unités 23 centièmes ôtés de 824 unités 05 centièmes.

Soustraction.

$$
\begin{array}{r}
8\ 2\ 4,\ 0\ 5 \\
4\ 6\ 0,\ 2\ 3 \\
\hline
3\ 6\ 3,\ 8\ 2 \\
\hline
8\ 2\ 4,\ 0\ 5
\end{array}
$$

Suivant la règle, j'additionne le plus petit nombre 460 unités 23 centièmes avec le reste 363 unités 82 centièmes, en disant : 3 et 2, 5 : j'écris 5 ; 2 et 8, 10 : j'écris 0 et je retiens 1 ; 1 et 3, 4 : j'écris 4 ; 6 et 6, 12 : j'écris 2 et je retiens 1 ; 1 et 4, 5, et 3, 8 : j'écris 8. Comme je retrouve le plus grand nombre, la soustraction a été bien faite.

Ou bien j'additionne le reste 363 unités 82 centièmes avec le plus petit nombre 460 unités 23 centièmes, en disant : 2 et 3, 5 : je pointe 5 ; 8 et 2, 10 : je pointe 0 et je retiens 1 ; 1 et 3, 4 : je pointe 4 : 6 et 6, 12 : je pointe 2 et je retiens 1 ; 1 et 3, 4, et 4, 8 : je pointe 8. Comme tous les chiffres du plus grand nombre sont vérifiés exacts, la soustraction a été bien faite.

Pratique des opérations.

TABLEAU.

```
· · · · ·
8 2 4, 0 5
4 6 0, 2 3
─────────
3 6 3, 8 2
─────────
8 2 4, 0 5
```

Dans la pratique, comment fait-on ?

Dans la pratique on opère ainsi : 3 ôtés de 5, il reste 2 : j'écris 2 ; 2 ôtés de 10, il reste 8 : j'écris 8 et je retiens 1 ; 1 ôté de 4, il reste 3 : j'écris 3 : 6 ôtés de 12, il reste 6 : j'écris 6 et je retiens 1 ; 1 et 4, 5, ôtés de 8, il reste 3 : j'écris 3. Reste total, 363 unités 82 centièmes.

Preuve. — 3 et 2, 5 : j'écris 5 ; 2 et 8, 10 : j'écris 0 et je retiens 1 ; 1 et 3, 4 : j'écris 4 ; 6 et 6, 12 : j'écris 2 et je retiens 1 ; 1 et 4, 5, et 3, 8 : j'écris 8. Je retrouve le plus grand nombre, la soustraction a été bien faite.

Ou bien, en pointant au lieu d'écrire chaque chiffre trouvé exact : 2 et 3, 5 : je pointe 5 ; 8 et 2, 10 : je pointe 0 et je retiens 1 ; 1 et 3, 4 : je pointe 4 ; 6 et 6, 12 : je pointe 2 et je retiens 1 : 1 et 3, 4, et 4, 8 : je pointe 8. Je retrouve tous les chiffres du plus grand nombre, la soustraction a été bien faite.

MULTIPLICATION DES NOMBRES ENTIERS.

Qu'est-ce que la multiplication ?

La multiplication est une opération qui a pour but de prendre ou de répéter un nombre appelé multiplicande, autant de fois qu'il y a d'unités dans un autre nombre appelé multiplicateur. Le résultat de cette opération se nomme produit. Ainsi, multiplier un nombre par 1, c'est prendre ou répéter ce nombre une fois; le multiplier par 2, c'est le prendre ou le répéter deux fois, etc.

Combien y a-t-il de termes dans une multiplication?

Dans une multiplication il y a trois termes : le multiplicande, le multiplicateur et le produit.

Qu'est-ce que le multiplicande? — le multiplicateur? — le produit?

Le multiplicande est le terme qui doit être multiplié ou répété; le multiplicateur est le terme par lequel on doit multiplier; le produit est le résultat qu'on obtient en multipliant le multiplicande par le multiplicateur.

Comment se nomment le multiplicande et le multiplicateur pris ensemble?

Le multiplicande et le multiplicateur pris ensemble se nomment facteurs du produit.

Qu'appelle-t-on facteurs d'un produit?

On appelle facteurs d'un produit tous les nombres qui, multipliés entre eux, forment ce produit. Si, par exemple, je multiplie entre eux les nombres 2, 3 et 4, je formerai le produit 24, dont les nombres 2, 3 et 4 seront les facteurs, car $2 \times 3 = 6$, et $6 \times 4 = 24$.

De quelle espèce sont le multiplicande et le produit?

Le multiplicande et le produit sont de la même espèce, car le multiplicande n'est qu'une partie du produit.

Quelle est la partie du produit représentée par le multiplicande?

La partie du produit représentée par le multiplicande est toujours indiquée par le multiplicateur. Ainsi, le multiplicande représente la quatrième partie du produit ou le quart du produit si le multiplicateur est 4; il en représente la vingt-quatrième partie ou le vingt-quatrième si le multiplicateur est 24, et ainsi de suite.

De quelle espèce est le multiplicateur?

Le multiplicateur, qu'il soit un nombre abstrait ou concret, doit toujours être considéré comme un nombre abstrait, car il ne fait qu'indiquer combien de fois il faut prendre ou répéter le multiplicande pour avoir le produit.

Que faut-il savoir pour être à même de faire une multiplication?

Pour être à même de faire une multiplication, il faut savoir par cœur et parfaitement le produit de deux nombres simples quelconques et connaître la règle applicable à chaque cas.

Comment parvient-on à graver un pareil résultat dans sa mémoire?

On parvient à graver un pareil résultat dans sa mémoire au moyen d'une table qu'on appelle table de multiplication ou livret.

Qu'est-ce que la table de multiplication ou livret?

La table de multiplication ou livret est un tableau qui renferme les différents produits que l'on obtient en multipliant successivement les neuf premiers nombres par chacun d'eux pris séparément comme multiplicateur, c'est-à-dire qu'on multiplie d'abord ces neuf premiers nombres par 1, puis par 2, puis par 3, etc., et ainsi de suite jusqu'à 9 inclusivement.

Table de multiplication ou livret.

1			**2**			**3**		
1 fois	1	1	2 fois	1	2	3 fois	1	3
1	2	2	2	2	4	3	2	6
1	3	3	2	3	6	3	3	9
1	4	4	2	4	8	3	4	12
1	5	5	2	5	10	3	5	15
1	6	6	2	6	12	3	6	18
1	7	7	2	7	14	3	7	21
1	8	8	2	8	16	3	8	24
1	9	9	2	9	18	3	9	27

4			**5**			**6**		
4 fois	1	4	5 fois	1	5	6 fois	1	6
4	2	8	5	2	10	6	2	12
4	3	12	5	3	15	6	3	18
4	4	16	5	4	20	6	4	24
4	5	20	5	5	25	6	5	30
4	6	24	5	6	30	6	6	36
4	7	28	5	7	35	6	7	42
4	8	32	5	8	40	6	8	48
4	9	36	5	9	45	6	9	54

7			**8**			**9**		
7 fois	1	7	8 fois	1	8	9 fois	1	9
7	2	14	8	2	16	9	2	18
7	3	21	8	3	24	9	3	27
7	4	28	8	4	32	9	4	36
7	5	35	8	5	40	9	5	45
7	6	42	8	6	48	9	6	54
7	7	49	8	7	56	9	7	63
7	8	56	8	8	64	9	8	72
7	9	63	8	9	72	9	9	81

Comment apprend-on par cœur la table de multiplication?
Pour apprendre par cœur la table de multiplication, on apprend d'abord les produits des neuf premiers nombres par 1, en disant : 1 fois 1 font 1; 1 fois 2 font 2, ou 1 fois 1, 1; 1 fois 2, 2, etc. Quand on sait les produits par 1, on passe aux produits par 2, en disant pareillement : 2 fois 1, 2; 2 fois 2, 4, et ainsi de suite pour les autres produits jusqu'aux produits par 9 inclusivement.

Combien peut-on distinguer de cas dans la multiplication des nombres entiers?
On peut distinguer six cas dans la multiplication des nombres entiers : quatre cas principaux et deux cas particuliers.

Quels sont les quatre cas principaux?
Les quatre cas principaux sont :
1° Multiplier un nombre simple par un nombre simple;
2° multiplier un nombre quelconque par 1 suivi de zéros;
3° multiplier un nombre composé de plusieurs chiffres par un nombre d'un seul chiffre; 4° multiplier un nombre composé de plusieurs chiffres par un nombre quelconque composé aussi de plusieurs chiffres . c'est le cas général de la multiplication.

Quels sont les deux cas particuliers?
Les deux cas particuliers sont :
1° Multiplier un nombre composé de plusieurs chiffres par un nombre composé de plusieurs chiffres, lorsque le multiplicateur renferme un ou plusieurs zéros intermédiaires.
2° Multiplier un nombre quelconque par un nombre quelconque, lorsque l'un des facteurs ou tous les deux sont terminés par des zéros.

Cas principaux.

Comment multiplie-t-on un nombre simple par un nombre simple?
Pour multiplier un nombre simple par un nombre simple, il n'y a point de règle à établir, il suffit de savoir par cœur la table de multiplication. Ainsi, pour multiplier 3 par 5, il suffit de savoir que 5 fois 3 font 15, etc.

Comment multiplie-t-on un nombre entier quelconque par 1 suivi de zéros?
Pour multiplier un nombre entier quelconque par 1 suivi d'un zéro ou par 10, par 1 suivi de deux zéros ou

par 100, par 1 suivi de trois zéros ou par 1000, etc., il suffit d'ajouter sur la droite de ce nombre entier un zéro si on doit multiplier par 10, deux zéros si on doit multiplier par 100, trois zéros si on doit multiplier par 1000, etc.; c'est-à-dire qu'il suffit d'ajouter sur la droite du nombre entier autant de zéros qu'il y en a à la suite de 1, et l'on a immédiatement le produit demandé.

Donnez un exemple d'application de cette règle.

Soit proposé de multiplier 327 par 1 suivi de deux zéros ou par 100.

Suivant la règle, j'ajoute deux zéros sur la droite de 327, et j'ai 32700 unités, qui est le résultat demandé.

Comment multiplie-t-on un nombre composé de plusieurs chiffres par un nombre d'un seul chiffre?

Pour multiplier un nombre composé de plusieurs chiffres par un nombre d'un seul chiffre, on écrit le multiplicande, puis le chiffre du multiplicateur sous le chiffre des unités du multiplicande; on souligne le multiplicateur pour écrire le produit au-dessous. Cela fait, on multiplie successivement, et en commençant par la droite, les unités, dizaines, centaines, etc., du multiplicande par le chiffre du multiplicateur; on n'écrit que les unités de chaque produit partiel, et l'on retient les dizaines pour les ajouter au produit suivant, à l'exception du dernier produit que l'on écrira tout entier, et l'on a ainsi le produit total demandé, car il contient toutes les parties du multiplicande répétées chacune autant de fois qu'il y a d'unités dans le chiffre du multiplicateur, et par conséquent le multiplicande répété ce même nombre de fois.

Donnez un exemple d'application de cette règle.

Soit proposé de multiplier 327 par 5.

Tableau de l'opération.

Multiplicande		3 2 7
Multiplicateur		5
Produit		1 6 3 5 unités.

Suivant la règle, j'écris le multiplicande 327, puis le chiffre du multiplicateur 5 sous les 7 unités du multiplicande; je souligne le multiplicateur. Cela fait, je multiplie successivement, en commençant par la droite, chaque chiffre du multiplicande par le chiffre du multiplicateur, en disant : 5 fois 7, 35 : j'écris 5 et je retiens 3, pour les ajouter au produit suivant; 5 fois 2, 10, et 3 de retenue 13 : j'écris 3 et je retiens 1 pour l'ajouter au produit suivant; 5 fois 3, 15, et 1 de retenue 16 : j'écris 16. Produit total, 1635 unités.

Comment multiplie-t-on un nombre composé de plusieurs chiffres par un nombre quelconque composé aussi de plusieurs chiffres, ou plus simplement, comment fait-on la multiplication?

RÈGLE GÉNÉRALE. — Pour faire la multiplication on écrit le multiplicande, puis le multiplicateur sous le multiplicande, en écrivant les unités de même ordre les unes sous les autres; on souligne le multiplicateur pour écrire les produits partiels au-dessous. Cela fait, on multiplie successivement, en commençant par la droite, les unités, dizaines, centaines, etc., du multiplicande par le chiffre des unités du multiplicateur; on n'écrit que les unités de chaque produit partiel, et on retient les dizaines pour les ajouter comme unités au produit suivant, à l'exception du dernier produit qu'on écrit tout entier tel qu'on le trouve. On multiplie de même les unités, dizaines, centaines, etc., du multiplicande par chacun des autres chiffres significatifs du multiplicateur, en ayant soin de placer les produits partiels les uns sous les autres, de manière que le premier chiffre à droite de chacun soit dans la colonne des unités de même ordre que celles du chiffre multiplicateur qui a donné ce produit. On souligne le dernier produit partiel. On additionne ensuite tous ces produits, et la somme est le produit total demandé, car il contient toutes les parties du multiplicande répétées chacune autant de fois qu'il y a d'unités dans le multiplicateur tout entier, et par conséquent le multiplicande répété ce même nombre de fois.

Donnez un exemple d'application de la règle générale de la multiplication.

Soit proposé de multiplier 327 par 465.

Tableau de l'opération.

```
      3 2 7
      4 6 5
   ───────────
      1 6 3 5
    1 9 6 2
  1 3 0 8
  ───────────
  1 5 2 0 5 5
```

Suivant la règle, j'écris le multiplicande 327, puis au-dessous le multiplicateur 465, en écrivant les unités de même ordre les unes sous les autres; je souligne le multiplicateur. Cela fait, je multiplie chaque chiffre du multiplicande par le chiffre des unités du multiplicateur, en disant : 5 fois 7, 35 : j'écris 5 et je retiens 3; 5 fois 2, 10, et 3 de retenue 13 : j'écris 3 et je retiens 1 ; 5 fois 3, 15, et 1 de retenue 16 : j'écris 16.

Opérant de même pour chacun des autres chiffres significatifs du multiplicateur, je dis : 6 fois 7, 42 : j'écris 2 sous les dizaines et je retiens 4; 6 fois 2, 12, et 4 de retenue 16 : j'écris 6 et je retiens 1; 6 fois 3, 18, et un de retenue 19 : j'écris 19.

4 fois 7, 28 : j'écris 8 sous les centaines et je retiens 2; 4 fois 2, 8, et 2 de retenue 10 : j'écris 0 et je retiens 1 : 4 fois 3, 12, et 1 de retenue 13 : j'écris 13.

Tous les chiffres du multiplicateur étant épuisés, je souligne les produits partiels et j'en fais l'addition, en disant : 5, j'écris 5; 3 et 2, 5 : j'écris 5; 6 et 6, 12, et 8, 20 : j'écris 0 et je retiens 2; 2 de retenue et 1, 3, et 9, 12 : j'écris 2 et je retiens 1; 1 de retenue et 1, 2, et 3, 5 : j'écris 5; 1, j'écris 1. Produit, 152 mille 055 unités.

Qu'appelle-t-on chiffre significatif?
On appelle chiffre significatif tout chiffre autre que 0.

Qu'appelle-t-on produit partiel d'une multiplication?
On appelle produit partiel d'une multiplication le résultat qu'on obtient en multipliant le multiplicande par un chiffre significatif quelconque du multiplicateur. Ainsi, dans la multiplication de 327 par 465, le nombre 1635 unités est le premier produit partiel, le nombre 1962 dizaines est le deuxième, et le nombre 1308 centaines est le troisième.

De combien de produits partiels se compose une multiplication quelconque?
Une multiplication quelconque se compose d'autant de produits partiels qu'il y a de chiffres significatifs au multiplicateur.

Quelle remarque peut on faire sur la multiplication, quand il y a au moins deux chiffres significatifs de plus au multiplicateur qu'au multiplicande?
Quand il y a au moins deux chiffres significatifs de plus au multiplicateur qu'au multiplicande, on peut diminuer le nombre des produits partiels d'une multiplication. Pour

cela, on multiplie le multiplicateur par le multiplicande, mais sans changer l'ordre des facteurs, et par ce moyen on a moins de produits partiels qu'en faisant la multiplication par la méthode ordinaire. On fera donc bien d'opérer ainsi chaque fois que le cas se présentera.

Donnez un exemple d'application de cette manière de faire la multiplication.

Soit proposé de multiplier 36 par 2345.

Tableau de l'opération.

Multiplicande	3 6
Multiplicateur	2 3 4 5
	1 4 0 7 0
	7 0 3 5
Produit total	8 4 4 2 0 unités.

Suivant la règle, je multiplie le multiplicateur 2345 par le multiplicande 36, mais sans changer l'ordre des facteurs, en disant : 6 fois 5, 30 : j'écris 0 et je retiens 3 ; 6 fois 4, 24, et 3 de retenue 27 : j'écris 7 et je retiens 2 ; 6 fois 3, 18, et 2 de retenue 20 : j'écris 0 et je retiens 2 ; 6 fois 2, 12, et 2 de retenue 14 : j'écris 14.

3 fois 5, 15 : j'écris 5 et je retiens 1 ; 3 fois 4, 12, et 1 de retenue 13 : j'écris 3 et je retiens 1 ; 3 fois 3, 9, et 1 de retenue 10 : j'écris 0 et je retiens 1 ; 3 fois 2, 6, et 1 de retenue 7 : j'écris 7.

Tous les chiffres du multiplicande étant épuisés, je souligne les produits partiels et j'en fais l'addition, en disant : 0, j'écris 0 ; 7 et 5, 12 : j'écris 2 et je retiens 1 ; 1 de retenue et 3, 4 : j'écris 4 ; 1 et 7, 8 : j'écris 8. Produit, 84 mille 420 unités.

Cas particuliers.

Comment multiplie-t-on un nombre composé de plusieurs chiffres par un nombre composé de plusieurs chiffres, lorsque le multiplicateur renferme un ou plusieurs zéros intermédiaires ?

Pour multiplier un nombre composé de plusieurs chiffres par un nombre composé de plusieurs chiffres lorsque le multiplicateur renferme des zéros intermédiaires, on fait la multiplication d'après la règle générale ; seulement lorsque, après avoir effectué la multiplication du multiplicande par un ou plusieurs chiffres significatifs du multiplicateur, on arrive aux zéros intermédiaires, on ne s'en occupe pas, mais il faut avoir soin, en multipliant le multiplicande par le premier chiffre significatif suivant, d'écrire le premier chiffre à droite de ce produit sous la colonne des unités de même ordre que celles du chiffre multiplicateur qui a donné ce produit.

Donnez un exemple d'application de cette règle.
Soit proposé de multiplier 327 par 405.

Tableau de l'opération.

$$\begin{array}{r} 3\ 2\ 7 \\ 4\ 0\ 5 \\ \hline 1\ 6\ 3\ 5 \\ 1\ 3\ 0\ 8 \\ \hline 1\ 3\ 2\ 4\ 3\ 5 \end{array}$$

Suivant la règle, j'écris le multiplicande 327, puis au-dessous le multiplicateur 405, en écrivant les unités de même ordre les unes sous les autres ; je souligne le multiplicateur. Cela fait, je multiplie chaque chiffre du multiplicande par le chiffre des unités du multiplicateur, en disant : 5 fois 7, 35 : j'écris 5 et je retiens 3 ; 5 fois 2, 10, et 3 de retenue 13 : j'écris 3 et je retiens 1 ; 5 fois 3, 15, et 1 de retenue 16 : j'écris 16.

Comme le chiffre des dizaines du multiplicateur n'est pas un chiffre significatif, et que le multiplicande multiplié par 0 ne donnerait rien, je passe au chiffre des centaines du multiplicateur, en disant : 4 fois 7, 28 : j'écris 8 sous les centaines et je retiens 2 ; 4 fois 2, 8, et 2 de retenue 10 : j'écris 0 et je retiens 1 ; 4 fois 3, 12, et 1 de retenue 13 : j'écris 13.

Tous les chiffres du multiplicateur étant épuisés, je souligne les produits partiels et j'en fais l'addition, en disant : 5, j'écris 5 ; 3, j'écris 3 ; 6 et 8, 14 : j'écris 4 et je retiens 1 ; 1 de retenue et 1, 2 : j'écris 2 ; 3, j'écris 3 ; 1, j'écris 1. Produit 132 mille 435 unités.

Comment multiplie-t-on un nombre quelconque par un nombre quelconque, lorsque l'un des facteurs ou tous les deux sont terminés par des zéros ?
Pour multiplier un nombre quelconque par un nombre quelconque lorsque l'un des facteurs ou tous les deux sont terminés par des zéros, on fait la multiplication sans s'occuper des zéros, en les barrant toutefois pour se rap-

peler qu'on en fait abstraction ; mais il faut avoir soin d'écrire sur la droite du produit obtenu autant de zéros qu'on en a négligé sur la droite des deux facteurs avant de commencer l'opération.

Donnez un exemple d'application de cette règle.
Soit proposé de multiplier 32700 par 4650.

Tableau de l'opération.

3 2 7 0̶ 0̶
4 6 5 0̶
————
1 6 3 5
1 9 6 2
1 3 0 8
————
1 5 2 0 5 5 0 0 0

Suivant la règle, je barre d'abord les zéros pour me rappeler que j'en fais abstraction, puis je fais la multiplication sans m'occuper de ces zéros, et comme si j'avais à multiplier 327 par 465, en disant : 5 fois 7, 35 : j'écris 5 et je retiens 3 ; 5 fois 2, 10, et 3 de retenue 13 : j'écris 3 et je retiens 1 ; 5 fois 3, 15, et 1 de retenue 16 : j'écris 16.

Opérant de même pour chacun des autres chiffres significatifs du multiplicateur, je dis : 6 fois 7, 42 : j'écris 2 sous les dizaines et je retiens 4 ; 6 fois 2, 12, et 4 de retenue 16 : j'écris 6 et je retiens 1 ; 6 fois 3, 18, et 1 de retenue 19 : j'écris 19.

4 fois 7, 28 : j'écris 8 sous les centaines et je retiens 2 ; 4 fois 2, 8, et 2 de retenue 10 : j'écris 0 et je retiens 1 ; 4 fois 3, 12, et 1 de retenue 13 : j'écris 13.

Tous les chiffres du multiplicateur étant épuisés, je souligne les produits partiels et j'en fais l'addition, en disant : 5, j'écris 5 ; 3 et 2, 5 : j'écris 5 ; 6 et 6 12, et 8, 20 : j'écris 0 et je retiens 2 ; 2 de retenue et 1, 3, et 9, 12 : j'écris 2 et je retiens 1 ; 1 de retenue et 1, 2, et 3, 5 : j'écris 5 ; 1, j'écris 1. Cette multiplication effectuée donne pour produit 152 mille 055 unités ; mais comme j'ai négligé deux zéros sur la droite du multiplicande et un zéro sur la droite du multiplicateur, en tout trois zéros, j'écris trois zéros sur la droite du produit que je viens d'obtenir, et j'ai pour véritable produit 152 millions 055 mille 000 unités.

Quelle règle pourrait-on suivre encore pour faire cette multiplication ?
La règle générale, puisqu'elle est applicable à tous les cas.

Quelle est la principale propriété des règles particulières?

C'est de conduire au même résultat plus promptement et plus simplement que par les règles générales; c'est pourquoi il vaut mieux suivre les règles particulières toutes les fois qu'on peut les appliquer.

Comment fait-on la preuve de la multiplication?

On peut faire la preuve de la multiplication de plusieurs manières; mais la plus simple c'est de faire une deuxième multiplication, en multipliant le multiplicateur par le multiplicande, et si cette deuxième opération donne un résultat égal au premier on en conclut que la première opération a été bien faite.

Donnez un exemple d'application de la règle qui indique la manière la plus simple de faire la preuve de la multiplication.

Soit proposé de vérifier si le produit de la multiplication de 327 par 465 est effectivement 152 mille 055 unités.

Tableau des opérations.

Multiplication.	*Preuve.*
Multiplicande 327	Multiplicateur 465
Multiplicateur 465	Multiplicande 327
1635	3255
1962	930
1308	1395

Produit 152055 unités. Produit égal 152055 unités.

Je multiplie le multiplicateur 465 par le multiplicande 327, en disant : 7 fois 5, 35 : j'écris 5 et je retiens 3; 7 fois 6, 42, et 3 de retenue 45 : j'écris 5 et je retiens 4; 7 fois 4, 28, et 4 de retenue 32 : j'écris 32.

Opérant de même pour chacun des autres chiffres significatifs du multiplicande considéré ici comme multiplicateur, je dis : 2 fois 5, 10 : j'écris 0 et je retiens 1; 2 fois 6, 12, et 1 de retenue 13 : j'écris 3 et je retiens 1; 2 fois 4, 8, et 1 de retenue 9 : j'écris 9.

3 fois 5, 15 : j'écris 5 et je retiens 1; 3 fois 6, 18, et 1 de retenue 19 : j'écris 9 et je retiens 1; 3 fois 4, 12, et 1 de retenue 13 : j'écris 13.

Tous les chiffres du multiplicateur étant épuisés, je souligne les produits partiels et j'en fais l'addition, en disant : 5, j'écris 5 : 2 et 3, 5, et 5, 10 : j'écris 0 et je retiens 1;

1 de retenue et 3, 4, et 9, 13, et 9, 22 : j'écris 2 et je retiens 2 ; 2 de retenue et 3, 5 : j'écris 5 ; 1, j'écris 1 ; et comme le résultat de cette deuxième opération est le même que celui de la première, j'en conclus que la première multiplication a été bien faite.

Sur quel principe repose la preuve de la multiplication par une deuxième multiplication que l'on fait en multipliant le multiplicateur par le multiplicande ?

Cette preuve de la multiplication repose sur ce principe qu'on ne change pas la valeur d'un produit en intervertissant l'ordre de ses facteurs.

Comment démontre-t-on le principe qu'on ne change pas la valeur d'un produit en intervertissant l'ordre de ses facteurs ?

Pour démontrer ce principe, on écrit sur une ligne horizontale autant de fois 1 qu'il y a d'unités dans le multiplicande, et on forme autant de ces lignes placées les unes sous les autres qu'il y a d'unités dans le multiplicateur, ce qui forme un tableau qui renferme autant d'unités qu'on en trouve dans le produit du multiplicande par le multiplicateur et dans celui du multiplicateur par le multiplicande ; d'où l'on conclut que le principe est vrai.

Démontrez par un exemple qu'on ne change pas la valeur d'un produit en intervertissant l'ordre de ses facteurs.

Soit proposé de démontrer que $5 \times 3 = 3 \times 5$.

Tableaux pour l'intelligence des opérations.

Lignes horizontales.   *Lignes verticales.*

TABLEAU DE LA DÉMONSTRATION.

Pour faire cette démonstration, j'écris 5 unités sur une ligne horizontale, c'est-à-dire autant qu'il y en a dans le multiplicande du premier produit indiqué, et je forme autant de ces lignes placées les unes sous les autres qu'il y a d'unités dans le multiplicateur, c'est-à-dire trois lignes horizontales, ce qui forme un tableau qui contient 5 unités répétées 3 fois ou 3 fois 5 unités = 15 unités.

Mais si je considère ces 5 unités comme rangées par lignes verticales, il est aisé de voir que chacune de ces lignes contient 3 unités, c'est-à-dire autant qu'il y en a dans le multiplicateur 3 devenu multiplicande, et qu'il y a autant de ces lignes qu'il y a d'unités dans le multiplicande devenu multiplicateur; donc ce tableau contiendra aussi 3 unités répétées 5 fois ou 5 fois 3 unités = 15 unités. Donc $5 \times 3 = 3 \times 5$; donc le principe est vrai.

Cette démonstration est générale et peut s'appliquer à des nombres entiers quelconques, car on peut toujours écrire ou supposer qu'on ait écrit dans chaque ligne horizontale autant d'unités qu'il y en a dans le multiplicande, et qu'on ait formé autant de ces lignes placées les unes sous les autres qu'il y a d'unités dans le multiplicateur.

MULTIPLICATION DES NOMBRES DÉCIMAUX.

Combien peut-on distinguer de cas dans la multiplication des nombres décimaux?

On peut distinguer quatre cas dans la multiplication des nombres décimaux :

1° Multiplier un nombre décimal par 1 suivi de zéros ;

2° Multiplier un nombre entier par un nombre décimal ;

3° Multiplier un nombre décimal par un nombre entier ;

4° Multiplier un nombre décimal par un nombre décimal.

Combien de règles suffit-il d'établir pour la multiplication des nombres décimaux?

Il suffit d'établir deux règles pour la multiplication des nombres décimaux : une règle particulière pour le cas où le multiplicateur est 1 suivi de zéros, et une règle générale pour tous les autres cas.

Comment multiplie-t-on un nombre décimal par 1 suivi de zéros?

Pour multiplier un nombre décimal quelconque par 1 suivi d'un zéro ou par 10, par 1 suivi de deux zéros ou par 100, par 1 suivi de trois zéros ou par 1000, etc., il suffit d'avancer la virgule du nombre décimal d'un rang vers la droite si on doit multiplier par 10, de deux rangs si on doit multiplier par 100, de trois rangs si on doit multiplier par 1000, etc., c'est-à-dire qu'il suffit d'avancer la virgule du nombre décimal d'autant de rangs vers la droite qu'il y a de zéros à la suite de 1, et l'on a immédiatement le produit demandé.

Donnez un exemple d'application de la multiplication d'un nombre décimal quelconque par 1 suivi d'un ou de plusieurs zéros.

Soit proposé de multiplier 327,327 par 1 suivi de deux zéros ou par 100.

Suivant la règle, j'avance la virgule de deux rangs vers la droite, et j'ai 32732,7, qui est le résultat demandé.

Si la virgule doit parcourir plus de rangs qu'il n'y a de chiffres décimaux, comment y supplée-t-on?

Si la virgule doit parcourir plus de rangs qu'il n'y a de chiffres décimaux, on y supplée en complétant par des zéros les rangs qui manquent.

Donnez un exemple d'application pour le cas où la virgule doit parcourir plus de rangs qu'il n'y a de chiffres décimaux dans le nombre à multiplier.

Soit proposé de multiplier 327,327 par 1 suivi de quatre zéros ou par 10000.

Pour faire cette multiplication je dois, conformément à la règle, avancer la virgule de quatre rangs vers la droite, et comme il n'y a que trois chiffres décimaux, j'ajoute un zéro pour tenir lieu du quatrième rang qui manque, et j'ai 3273270 unités, qui est le résultat demandé.

Quelle différence y a-t-il entre multiplier un nombre entier ou décimal par 10, par 100, par 1000, etc., et rendre ce nombre entier ou décimal 10 fois, 100 fois, 1000 fois, etc., plus grand?

Il n'y en a point. Ainsi, multiplier 327 par 10 ou le rendre 10 fois plus grand c'est la même chose; il suffit, dans les deux cas, d'ajouter un 0 sur la droite de 327, et l'on a 3270 unités, qui est le résultat demandé.

De même, pour multiplier le nombre décimal 327,327 par 100 ou pour le rendre 100 fois plus grand, il suffit, dans les deux cas, d'avancer la virgule du nombre décimal de deux rangs vers la droite, et l'on a 32732,7, qui est le résultat demandé.

Comment multiplie-t-on un nombre entier par un nombre décimal?

Pour multiplier un nombre entier par un nombre décimal, on fait la multiplication sans s'occuper de la virgule, et comme si c'étaient des nombres entiers. On sépare à la fin par une virgule, sur la droite du produit, autant de chiffres décimaux qu'il y en a dans le multiplicateur, et l'on obtient ainsi le produit total demandé, car il contient toutes les parties du multiplicande répétées chacune autant de fois qu'il y a d'unités et de parties d'unité dans le multiplicateur tout entier, et par conséquent le multiplicande répété ce même nombre de fois.

Donnez un exemple d'application de cette règle.
Soit proposé de multiplier 327 par 4,65.

Tableau de l'opération.

3 2 7
4, 6 5
—————
1 6 3 5
1 9 6 2
1 3 0 8
—————
1 5 2 0, 5 5

Suivant la règle, je fais la multiplication sans m'occuper de la virgule, et comme si j'avais à multiplier 327 par 465, en disant : 5 fois 7, 35 : j'écris 5 et je retiens 3 ; 5 fois 2, 10, et 3 de retenue 13 : j'écris 3 et je retiens 1 ; 5 fois 3, 15, et 1 de retenue 16 : j'écris 16.

Opérant de même pour chacun des autres chiffres significatifs du multiplicateur, je dis : 6 fois 7, 42 : j'écris 2 et je retiens 4 ; 6 fois 2, 12, et 4 de retenue 16 : j'écris 6 et je retiens 1 ; 6 fois 3, 18, et 1 de retenue 19 : j'écris 19.

4 fois 7, 28 : j'écris 8 et je retiens 2 ; 4 fois 2, 8, et 2 de retenue 10 : j'écris 0 et je retiens 1 ; 4 fois 3, 12, et 1 de retenue 13 : j'écris 13.

Tous les chiffres du multiplicateur étant épuisés, je souligne les produits partiels et j'en fais l'addition, en disant : 5, j'écris 5 ; 3 et 2, 5 : j'écris 5 ; 6 et 6, 12, et 8, 20 : j'écris 0 et je retiens 2 ; 2 de retenue et 1, 3, et 9, 12 : j'écris 2 et je retiens 1 ; 1 de retenue et 1, 2, et 3, 5 : j'écris 5 ; 1, j'écris 1. Cette multiplication effectuée donne pour produit 152 mille 055 unités ; mais comme il y a deux chiffres décimaux au multiplicateur seulement, je sépare par une virgule deux chiffres décimaux sur la droite du produit que je viens d'obtenir, et j'ai pour véritable produit 1520 unités 55 centièmes.

Comment multiplie-t-on un nombre décimal par un nombre entier?

Pour multiplier un nombre décimal par un nombre entier, on fait la multiplication sans s'occuper de la virgule, et comme si c'étaient des nombres entiers. On sépare à la fin, par une virgule sur la droite du produit, autant de chiffres décimaux qu'il y en a dans le multiplicande, et l'on obtient ainsi le produit total demandé, car il contient toutes les parties du multiplicande répétées chacune autant de fois qu'il y a d'unités dans le multiplicateur tout entier, et par conséquent le multiplicande répété ce même nombre de fois.

Donnez un exemple d'application de cette règle.

Soit proposé de multiplier 3,27 par 465.

Tableau de l'opération.

```
      3, 2 7
        4 6 5
    ___________
      1 6 3 5
    1 9 6 2
  1 3 0 8
    ___________
  1 5 2 0,5 5
```

Suivant la règle, je fais la multiplication sans m'occuper de la virgule, et comme si j'avais à multiplier 327 par 465, en disant : 5 fois 7, 35 : j'écris 5 et je retiens 3 ; 5 fois 2, 10, et 3 de retenue 13 : j'écris 3 et je retiens 1 ; 5 fois 3, 15, et 1 de retenue 16 : j'écris 16.

Opérant de même pour chacun des autres chiffres significatifs du multiplicateur, je dis : 6 fois 7, 42, etc.

Cette multiplication effectuée donne pour produit 152 mille 055 unités ; mais comme il y a deux chiffres décimaux au multiplicande seulement, je sépare par une virgule deux chiffres décimaux sur la droite du produit que je viens d'obtenir, et j'ai pour véritable produit 1520 unités 55 centièmes.

Comment multiplie-t-on un nombre décimal par un nombre décimal, ou plus simplement, en comprenant tous les cas, comment fait-on la multiplication des nombres décimaux?

RÈGLE GÉNÉRALE. — Pour faire la multiplication des nombres décimaux, on écrit le multiplicande, puis le multiplicateur sous le multiplicande, de manière que son premier chiffre à droite soit sous le premier chiffre à droite du multiplicande, sans avoir égard ici aux unités de même ordre pour la régularité de l'opération. On souligne le multiplicateur pour écrire les produits partiels au-dessous. Cela fait, on effectue la multiplication sans s'occuper des virgules, et comme si c'étaient des nombres entiers. On sépare à la fin, par une virgule sur la droite du produit, autant de chiffres décimaux qu'il y en a dans le multiplicande et le multiplicateur, et l'on obtient ainsi le produit total demandé, car il contient toutes les parties du multiplicande répétées chacune autant de fois qu'il y a d'unités ou d'unités et de parties d'unité dans le multiplicateur tout entier, et par conséquent le multiplicande répété ce même nombre de fois.

Donnez un exemple d'application de la règle générale de la multiplication des nombres décimaux.

Soit proposé de multiplier 3,27 par 46,5.

Tableau de l'opération.

$$\begin{array}{r} 3,27 \\ 46,5 \\ \hline 1635 \\ 1962 \\ 1308 \\ \hline 152,055 \end{array}$$

Suivant la règle, j'écris le multiplicande 3 unités 27 centièmes, puis au-dessous le multiplicateur 46 unités 5 dixièmes, de manière que chaque chiffre du multiplicateur à partir de la droite soit placé sous chaque chiffre du multiplicande à partir aussi de la droite. Je souligne le multiplicateur. Cela fait, j'effectue la multiplication sans m'occuper des virgules, et comme si j'avais à multiplier 327 par 465, en disant : 5 fois 7, 35 : j'écris 5 et je retiens 3 ; 5 fois 2, 10, et 3 de retenue 13 : j'écris 3 et je retiens 1 ; 5 fois 3, 15, et 1 de retenue 16 : j'écris 16.

Opérant de même pour chacun des autres chiffres significatifs du multiplicateur, je dis : 6 fois 7, 42 : j'écris 2 et je retiens 4 ; 6 fois 2, 12, et 4 de retenue 16 : j'écris 6 et je retiens 1 ; 6 fois 3, 18, et 1 de retenue 19 : j'écris 19.

4 fois 7, 28 : j'écris 8 et je retiens 2 ; 4 fois 2, 8, et 2 de retenue 10 : j'écris 0 et je retiens 1 ; 4 fois 3, 12, et 1 de retenue 13 : j'écris 13.

Tous les chiffres du multiplicateur étant épuisés, je sou
ligne les produits partiels et j'en fais l'addition, en disant :
5, j'écris 5 ; 3 et 2, 5 : j'écris 5 ; 6 et 6, 12, et 8, 20 : j'é-
cris 0 et je retiens 2 ; 2 de retenue et 1, 3, et 9, 12 :
j'écris 2 et je retiens 1 ; 1 de retenue et 1, 2, et 3, 5 : j'é-
cris 5 ; 1, j'écris 1. Cette multiplication effectuée donne
pour produit 152 mille 055 unités ; mais comme il y a
deux chiffres décimaux au multiplicande et un chiffre décimal au multiplicateur, en tout trois chiffres décimaux, je
sépare par une virgule trois chiffres décimaux sur la
droite du produit que je viens d'obtenir, et j'ai pour véritable produit 152 unités 055 millièmes.

*Si le produit d'une multiplication de nombres décimaux a
moins de chiffres qu'il y en a dans le multiplicande et le multiplicateur, comment obtient-on le véritable produit?*

Si le produit d'une multiplication de nombres décimaux a
moins de chiffres qu'il y en a dans le multiplicande et le
multiplicateur, pour avoir le véritable produit on ajoute
sur la gauche du produit obtenu par la multiplication autant de zéros qu'il en faut pour que le nombre des chiffres
de ce produit soit égal à celui des chiffres décimaux qu'il
y a dans le multiplicande et le multiplicateur ; on place
alors la virgule dans le produit ainsi préparé et conformément à la règle, en ayant soin d'écrire un 0 pour tenir
lieu des unités, et l'on a immédiatement le produit demandé.

*Donnez un exemple d'application de ce cas de la multi-
plication des nombres décimaux.*

Soit proposé de multiplier 3,27 par 0,004.

Tableau de l'opération.

3, 2 7
0, 0 0 4
———————
0, 0 1 3 0 8

Je fais cette multiplication sans m'occuper des virgules,
et comme si j'avais à multiplier 327 par 4, en disant : 4 fois
7, 28 : j'écris 8 et je retiens 2 ; 4 fois 2, 8, et 2 de retenue
10 : j'écris 0 et je retiens 1 ; 4 fois 3, 12, et 1 de retenue 13 :
j'écris 13. Cette multiplication effectuée donne pour produit
1308 unités ; mais comme je dois, conformément à la règle,
séparer par une virgule cinq chiffres décimaux sur la droite
de ce produit, et qu'il n'y en a que quatre, j'ajoute un 0
sur la gauche du produit 1308 pour que le nombre des

chiffres de ce produit soit égal à celui des chiffres décimaux qu'il y a dans le multiplicande et le multiplicateur ; je place alors la virgule dans le produit ainsi préparé, et j'ai, en écrivant un 0 pour tenir lieu des unités, 0,01308 cent-millièmes, qui est le produit demandé.

Comment fait-on la preuve de la multiplication des nombres décimaux ?

La preuve de la multiplication des nombres décimaux se fait de la même manière que celle des nombres entiers, c'est-à-dire que l'on fait une deuxième multiplication en multipliant le multiplicateur par le multiplicande, et si le résultat de cette deuxième opération donne un produit égal au premier, on en conclut que la première opération a été bien faite.

Donnez un exemple d'application de la règle qui indique la manière de faire la preuve de la multiplication des nombres décimaux.

Soit proposé de vérifier si le produit de la multiplication de 3,27 par 46,5 est effectivement 152 unités 055 millièmes.

Tableau des opérations.

Multiplication.	*Preuve.*
Multiplicande 3, 2 7	Multiplicateur 4 6, 5
Multiplicateur 4 6, 5	Multiplicande 3, 2 7
1 6 3 5	3 2 5 5
1 9 6 2	9 3 0
1 3 0 8	1 3 9 5
Produit 1 5 2, 0 5 5	Produit égal 1 5 2, 0 5 5

Je fais cette deuxième multiplication sans m'occuper des virgules, et comme si j'avais à multiplier 465 par 327, en disant : 7 fois 5, 35 : j'écris 5 et je retiens 3 ; 7 fois 6, 42, et 3 de retenue 45 : j'écris 5 et je retiens 4 ; 7 fois 4, 28, et 4 de retenue, 32 : j'écris 32.

Opérant de même pour chacun des autres chiffres significatifs du multiplicande considéré ici comme multiplicateur, je dis : 2 fois 5, 10 : j'écris 0 et je retiens 1 ; 2 fois 6, 12, et 1 de retenue 13 : j'écris 3 et je retiens 1 ; 2 fois 4, 8, et 1 de retenue 9 : j'écris 9.

3 fois 5, 15 : j'écris 5 et je retiens 1 ; 3 fois 6, 18, et 1 de retenue 19 : j'écris 9 et je retiens 1 ; 3 fois 4, 12, et 1 de retenue 13 : j'écris 13.

Tous les chiffres du multiplicateur étant épuisés, je souligne les produits partiels et j'en fais l'addition en disant : 5, j'écris 5 ; 5, j'écris 5 ; 2 et 3, 5, et 5, 10 : j'écris 0 et je retiens 1 ; 1 de retenue et 3, 4, et 9, 13, et 9, 22 : j'écris 2 et je retiens 2 ; 2 de retenue et 3, 5 : j'écris 5 ; 1, j'écris 1. Cette multiplication effectuée donne pour produit 152 mille 055 unités. Je sépare par une virgule trois chiffres décimaux sur la droite du produit que je viens d'obtenir, comme je l'ai fait dans la première multiplication, et comme alors le résultat de la deuxième multiplication est le même que celui de la première, j'en conclus que la première multiplication a été bien faite.

Comment fait-on d'une manière plus abrégée la multiplication des nombres décimaux?

Pour faire d'une manière plus abrégée la multiplication des nombres décimaux, on fait la multiplication sans s'occuper des virgules, et comme si c'étaient des nombres entiers. On sépare à la fin, par une virgule sur la droite du produit, autant de chiffres décimaux qu'il y en a dans les deux facteurs, et l'on a ainsi le résultat demandé.

DIVISION DES NOMBRES ENTIERS.

Qu'est-ce que la division?

La division est une opération qui a pour but de trouver combien de fois au plus un nombre appelé dividende en contient un autre appelé diviseur. Le résultat de cette opération s'appelle quotient. Ainsi, diviser successivement 36 et 38 par 9, c'est chercher combien de fois au plus les dividendes 36 et 38 contiennent le diviseur. Autrement dit :

C'est chercher un nombre qui, multiplié par le diviseur, reproduise exactement le dividende si la division se fait sans reste, ou qui soit le plus grand nombre de fois que le dividende contienne le diviseur si la division donne un reste.

Quand la division se fait sans reste, à quoi doit être égal le dividende?

Quand la division se fait exactement ou sans reste, le dividende doit être égal au produit du diviseur multiplié par le quotient. Ainsi, la division de 36 par 9 se faisant sans reste, et donnant pour quotient 4, on doit avoir l'égalité $36 = 9 \times 4$.

Quand la division donne un reste, à quoi doit être égal le dividende?

Quand la division donne un reste, le dividende doit être égal au diviseur multiplié par le quotient plus le reste, c'est-à-dire qu'il faut multiplier le diviseur par le quotient, ajouter au produit le reste de la division, et l'on doit retrouver le dividende. Ainsi, la division de 38 par 9 donnant 4 pour quotient et 2 pour reste, on doit avoir l'égalité $38 = 9 \times 4 + 2$.

Quelle condition doit remplir le reste de la division?

Le reste de la division doit toujours être plus petit que le diviseur, car s'il était seulement égal au diviseur cela prouverait que le chiffre du quotient qui a donné ce reste serait juste trop faible d'une unité, et alors la division serait fausse.

Quelles sont, indépendamment de la définition donnée de la division, les autres manières usitées de la définir?

Quand le diviseur est un nombre entier, on peut encore définir la division : une opération qui a pour but de partager un nombre en autant de parties égales qu'il y a d'unités dans le diviseur. Ainsi, d'après cette définition, diviser 36 par 9 est la même chose que partager 36 en 9 parties égales, car dans les deux cas il s'agit de trouver un nombre qui, répété 9 fois ou multiplié par 9, donne un produit égal à 36.

On peut dire aussi d'une manière plus générale que la division est une opération qui a pour but, connaissant un produit appelé dividende et l'un des facteurs appelé diviseur, de trouver l'autre facteur nommé quotient. Ainsi, diviser, d'après cela, 36 par 9, c'est chercher par quel nombre il faut multiplier 9 pour obtenir un produit égal à 36.

Combien y a-t-il de termes dans une division?

Dans une division il y a trois termes : le dividende, le diviseur et le quotient.

Qu'est-ce que le dividende? — le diviseur? — le quotient? — D'où vient le nom de quotient, et qu'indique-t-il?

Le dividende est le terme qui doit être divisé ou partagé ; le diviseur est le terme par lequel on doit diviser ou partager; le quotient est le résultat qu'on obtient en divisant le dividende par le diviseur. Le nom de quotient vient du latin *quoties,* combien de fois; il indique combien de fois au plus le dividende contient le diviseur, ou combien de fois au plus le diviseur est contenu dans le dividende.

Que faut-il savoir pour être à même de faire une division?

Pour être à même de faire une division, il faut savoir par cœur et parfaitement les quotients que l'on obtient en divisant un nombre de un ou de deux chiffres par un nombre d'un seul chiffre, pourvu toutefois que le reste de la division soit moindre que le diviseur, et connaître la règle applicable à chaque cas.

Comment parvient-on à graver un pareil résultat dans sa mémoire?

On parvient à graver un pareil résultat dans sa mémoire au moyen d'une table qu'on appelle table de division.

Qu'est-ce que la table de division?

La table de division est un tableau qui renferme les différents quotients que l'on trouve en divisant successivement les multiples des neuf premiers nombres par chacun d'eux pris séparément comme diviseur; c'est-à-dire qu'on divise d'abord par 1 les multiples des premiers nombres par 1, par 2 les multiples des premiers nombres par 2, et ainsi de suite jusqu'à 9 inclusivement.

Table de division.

MULTIPLES ou DIVIDENDE.	DIVISEUR.	QUOTIENT.	MULTIPLES ou DIVIDENDE.	DIVISEUR.	QUOTIENT.	MULTIPLES ou DIVIDENDE.	DIVISEUR.	QUOTIENT.
1			**2**			**3**		
En 1 comb. de fois 1…1 f.			En 2 comb. de fois 2…1 f.			En 3 comb. de fois 3…1 f.		
2	1	2	4	2	2	6	3	2
3	1	3	6	2	3	9	3	3
4	1	4	8	2	4	12	3	4
5	1	5	10	2	5	15	3	5
6	1	6	12	2	6	18	3	6
7	1	7	14	2	7	21	3	7
8	1	8	16	2	8	24	3	8
9	1	9	18	2	9	27	3	9

DIVIDENDE.	DIVISEUR.	QUOTIENT.	DIVIDENDE.	DIVISEUR.	QUOTIENT.	DIVIDENDE.	DIVISEUR.	QUOTIENT.
4			**5**			**6**		
En 4 comb. de fois	4	1 f.	En 5 comb. de fois	5	1 f.	En 6 comb. de fois	6	1 f.
8	4	2	10	5	2	12	6	2
12	4	3	15	5	3	18	6	3
16	4	4	20	5	4	24	6	4
20	4	5	25	5	5	30	6	5
24	4	6	30	5	6	36	6	6
28	4	7	35	5	7	42	6	7
32	4	8	40	5	8	48	6	8
36	4	9	45	5	9	54	6	9

DIVIDENDE.	DIVISEUR.	QUOTIENT.	DIVIDENDE.	DIVISEUR.	QUOTIENT.	DIVIDENDE.	DIVISEUR.	QUOTIENT.
7			**8**			**9**		
En 7 comb. de fois	7	1 f.	En 8 comb. de fois	8	1 f.	En 9 comb. de fois	9	1 f.
14	7	2	16	8	2	18	9	2
21	7	3	24	8	3	27	9	3
28	7	4	32	8	4	36	9	4
35	7	5	40	8	5	45	9	5
42	7	6	48	8	6	54	9	6
49	7	7	56	8	7	63	9	7
56	7	8	64	8	8	72	9	8
63	7	9	72	8	9	81	9	9

Comment apprend-on par cœur la table de division?

Pour apprendre par cœur la table de division, on apprend d'abord combien de fois le diviseur 1 est contenu dans les multiples de ce diviseur par les neuf premiers nombres, en disant : En 1, combien de fois 1? — 1 fois; en 2, combien de fois 1? — 2 fois, etc. Quand on sait les quotients des multiples du diviseur 1 par chacun des neuf premiers nombres, on passe au diviseur 2, en disant de même : En 2, combien de fois 2? — 1 fois; en 4 combien de fois 2? — 2 fois, etc., et ainsi de suite jusqu'au diviseur 9 inclusivement.

Qu'appelle-t-on multiple d'un nombre?

On appelle multiple d'un nombre le produit qu'on obtient en multipliant ce nombre par un nombre quelconque. Si, par exemple, on multiplie le nombre 5 par 6, on obtient 30, qui est ici un multiple de 6.

En général, qu'appelle-t-on multiples d'un nombre?

En général, on appelle multiples d'un nombre les différents produits qu'on obtient en multipliant ce nombre par
des nombres quelconques, 2, 5, 7, etc.

Si, par exemple, on multiplie le nombre 7 successivement
par 2, 5, 7, on obtient 14, 35, 49, qui sont trois différents
multiples de 7.

*Comment trouve-t-on, au moyen de la table de division, le
quotient d'un nombre de un ou de deux chiffres par un nombre d'un seul chiffre?*

Pour trouver, au moyen de la table de division, le quotient d'un nombre de un ou de deux chiffres par un nombre
d'un seul chiffre, on cherche dans la première colonne verticale de la table qui porte en tête le diviseur, le plus grand
multiple du diviseur contenu dans cette colonne, et le chiffre de la troisième colonne qui est sur la même ligne horizontale que le plus grand multiple et le diviseur est le quotient cherché.

*Donnez des exemples d'application de la manière de trou-
ver, au moyen de la table de division, le quotient d'un nombre de un ou de deux chiffres par un nombre d'un seul
chiffre.*

Soit proposé de trouver successivement les quotients de
8 par 2, de 15 par 4.

Pour trouver le quotient de 8 par 2, je cherche dans la
première colonne verticale de la table qui porte en tête le
diviseur 2, le plus grand multiple de 2 contenu dans 8 ; je
trouve que c'est 8 exactement; et comme le chiffre de la
troisième colonne qui se trouve sur la même ligne horizontale que le plus grand multiple 8 et le diviseur 2 est
4, j'en conclus que 4 est exactement le quotient de 8
par 2.

Pour trouver le quotient de 15 par 4, je cherche dans
la première colonne verticale de la table qui porte en tête
le diviseur 4, le plus grand multiple de 4 contenu dans 15 ;
je trouve que c'est 12, puisque le suivant 16 est plus grand
que le nombre dont je cherche le quotient; et comme le
chiffre de la troisième colonne qui se trouve sur la même
ligne horizontale que le plus grand multiple de 4 contenu
dans 15 et le diviseur 4 est 3, j'en conclus que 3 est, à
moins d'une unité, le quotient de 15 par 4.

*Quelle condition faut-il pour qu'on puisse toujours trou-
ver, au moyen de la table de division, le quotient d'un nombre de deux chiffres par un nombre d'un seul chiffre?*

Pour qu'on puisse toujours trouver, au moyen de la table de division, le quotient d'un nombre de deux chiffres par un nombre d'un seul chiffre, il faut que le nombre de deux chiffres ou le dividende soit moindre que le diviseur suivi d'un zéro, autrement dit, moindre que dix fois le diviseur : c'est-à-dire que le nombre de deux chiffres ou le dividende doit être moindre que 10, si le diviseur est 1 ; moindre que 20, si le diviseur est 2 ; moindre que 30, si le diviseur est 3 ; moindre que 40, 50, 60, 70, 80, 90, si le diviseur est 4, 5, 6, 7, 8, 9.

Combien peut-on distinguer de cas dans la division des nombres entiers?

On peut distinguer cinq cas dans la division des nombres entiers : quatre cas principaux, et un cas particulier.

Quels sont les quatre cas principaux de la division des nombres entiers?

Les quatre cas principaux de la division des nombres entiers sont :

1° Diviser un nombre de un ou de deux chiffres par un nombre d'un seul chiffre, lorsque le dividende est moindre que le diviseur suivi d'un zéro ou que dix fois le diviseur ; 2° diviser un nombre quelconque par 1 suivi de zéros ; 3° diviser un nombre composé de plusieurs chiffres par un nombre composé de plusieurs chiffres, lorsque le dividende est encore moindre que le diviseur suivi d'un zéro ou que dix fois le diviseur ; 4° diviser un nombre quelconque composé de plusieurs chiffres par un nombre quelconque composé aussi de plusieurs chiffres : c'est le cas général de la division.

Quel est le cas particulier de la division des nombres entiers?

Le cas particulier de la division des nombres entiers, c'est lorsque le dividende et le diviseur sont terminés tous les deux par des zéros.

Cas principaux.

Comment divise-t-on un nombre de un ou de deux chiffres par un nombre d'un seul chiffre, lorsque le dividende est moindre que le diviseur suivi d'un zéro ou que dix fois le diviseur?

Pour diviser un nombre de un ou de deux chiffres par un nombre d'un seul chiffre lorsque le dividende est moindre que le diviseur suivi d'un zéro ou que dix fois le diviseur, il n'y a point de règle à établir, il suffit de savoir par cœur la table de division. Ainsi, pour diviser 6 par 3, 36 par 4, 38 par 9, il suffit de savoir qu'en 6 il y est 2 fois 3 exactement ; qu'en 36 il y est 9 fois 4 exactement ; qu'en 38 il y est au plus 4 fois 9, et qu'on a 2 pour reste.

Comment divise-t-on un nombre entier quelconque par 1 suivi de zéros ?

Pour diviser un nombre entier quelconque par 1 suivi d'un zéro ou par 10, par 1 suivi de deux zéros ou par 100, par 1 suivi de trois zéros ou par 1000, etc., il suffit de reculer la virgule d'un rang vers la gauche si on doit diviser par 10, de deux rangs si on doit diviser par 100, de trois rangs si on doit diviser par 1000, etc., c'est-à-dire qu'il suffit de reculer la virgule d'autant de rangs vers la gauche qu'il y a de zéros à la suite de 1, et l'on a immédiatement le quotient demandé.

Donnez un exemple d'application de la division d'un nombre entier quelconque par 1 suivi de zéros.

Soit proposé de diviser le nombre entier 327 par 1 suivi de deux zéros ou par 100.

Suivant la règle, je recule la virgule de deux rangs vers la gauche de 327, et j'ai 3,27, qui est le résultat demandé.

Dans le cas de la division d'un nombre entier par 1 suivi de zéros, pourquoi dit-on qu'il suffit de reculer la virgule, puisqu'il n'y en a pas ?

Dans le cas de la division d'un nombre entier par 1 suivi de zéros on dit qu'il suffit de reculer la virgule quoiqu'il n'y en ait pas, parce que, pour faciliter l'opération, on doit toujours supposer qu'il y en a une.

Si la virgule doit parcourir plus de rangs qu'il n'y a de chiffres entiers, comment y supplée-t-on ?

Si la virgule doit parcourir plus de rangs qu'il n'y a de chiffres entiers, on y supplée en complétant par des zéros les rangs qui manquent.

Donnez un exemple d'application de la division d'un nombre entier par 1 suivi de zéros lorsque la virgule doit parcourir plus de rangs qu'il n'y a de chiffres entiers.

Soit proposé de diviser le nombre entier 327 par 1 suivi de cinq zéros ou par 100000.

Pour faire cette division, je dois, conformément à la règle, reculer la virgule de cinq rangs vers la gauche, et comme il n'y a que trois chiffres entiers, j'ajoute deux zéros à gauche de la partie entière pour tenir lieu des quatrième et cinquième rangs qui manquent, et j'ai, en mettant un zéro pour tenir lieu des unités, 0,00327 cent-millièmes, qui est le résultat demandé.

Quelle différence y a-t-il entre diviser un nombre par 10, par 100, par 1000, etc., et rendre ce nombre 10 fois, 100 fois, 1000 fois, etc., plus petit?

Il n'y en a point. Ainsi, diviser le nombre entier 327 par 10 ou le rendre dix fois plus petit, c'est la même chose ; il suffit, dans les deux cas, de reculer la virgule d'un rang vers la gauche, et on a 32,7, qui est le résultat demandé.

Comment divise-t-on un nombre composé de plusieurs chiffres par un nombre composé de plusieurs chiffres, lorsque le dividende est moindre que le diviseur suivi d'un zéro ou que dix fois le diviseur?

Pour diviser un nombre composé de plusieurs chiffres par un nombre composé de plusieurs chiffres lorsque le dividende est moindre que le diviseur suivi d'un zéro ou que dix fois le diviseur, on divise par le chiffre des plus hautes unités du diviseur le nombre des unités de même ordre qui se trouvent dans le dividende, et comme le chiffre du quotient que l'on trouve en faisant cette division peut être trop fort ou trop faible, on le vérifie pour savoir s'il faut l'augmenter ou le diminuer.

Comment est-on certain qu'un chiffre mis au quotient est trop fort ou trop faible?

On est certain qu'un chiffre mis au quotient est trop fort lorsque le produit du diviseur tout entier par le chiffre trouvé du quotient ne peut se retrancher du dividende correspondant, et qu'il est trop faible lorsque le reste est au moins égal au diviseur.

Donnez un exemple d'application de la division d'un nombre de plusieurs chiffres par un nombre de plusieurs chiffres, lorsque le dividende est moindre que le diviseur suivi d'un zéro ou que dix fois le diviseur.

Soit proposé de diviser 2734 par 378.

Tableau des opérations par tâtonnements.

1		2		3	
2 7 3 4 (3 7 8		2 7 3 4 (3 7 8		2 7 3 4 (3 7 8	
3 4 0 2 (9		3 0 2 4 (8		2 6 4 6 (7	
				Reste 8 8	

Suivant la règle, je divise par les 3 centaines du diviseur les 27 centaines du dividende, ou 27 par 3, en disant : En 27, combien de fois 3 ? — 9 fois. Pour savoir si 9 est vraiment le quotient demandé, je multiplie le diviseur 378 par 9, en disant : 9 fois 8, 72 : j'écris 2 et je retiens 7 ; 9 fois 7, 63, et 7 de retenue 70 : j'écris 0 et je retiens 7 ; 9 fois 3, 27, et 7 de retenue 34 : j'écris 34. Et comme le produit 3402 est plus grand que le dividende, j'en conclus que ce dividende ne contient pas 9 fois le diviseur. J'essaye donc si 8 peut être le quotient. Pour cela je multiplie le diviseur 378 par 8, en disant : 8 fois 8, 64 : j'écris 4 et je retiens 6 ; 8 fois 7, 56, et 6 de retenue 62 : j'écris 2 et je retiens 6 ; 8 fois 3, 24, et 6 de retenue 30 : j'écris 30. Et comme le produit 3024 est encore plus grand que le dividende, cela indique que le quotient est moindre que 8. En conséquence, j'essaye 7. Je multiplie, comme précédemment, le diviseur 378 par 7, en disant : 7 fois 8, 56 : j'écris 6 et je retiens 5 ; 7 fois 7, 49, et 5 de retenue 54 : j'écris 4 et je retiens 5 ; 7 fois 3, 21, et 5 de retenue 26 : j'écris 26. Le produit 2646 pouvant se retrancher de 2734, j'en conclus que 7 est bon. — Je retranche 2646 de 2734, en disant : 6 ôtés de 14, reste 8 : j'écris 8 et je retiens 1 ; 1 de retenue et 4, 5 ôtés de 13, reste 8 : j'écris 8 et je retiens 1 ; 1 de retenue et 6, 7 ôtés de 7, reste 0 ; 2 ôtés de 2, reste 0. J'ai pour reste 88 ; d'où je conclus enfin que 7 est le quotient demandé, et que 88 est le reste de la division.

Si les plus hautes unités du diviseur étaient des mille, des dizaines de mille, etc., comment ferait-on la division ?

Si les plus hautes unités du diviseur étaient des mille, des dizaines de mille, etc., pour faire la division on diviserait par les mille du diviseur les mille du dividende, ou les dizaines de mille du diviseur par les dizaines de mille du dividende, etc.

Si, par exemple, j'avais à diviser 27345 par 3785, je diviserais par les 3 mille du diviseur les 27 mille du dividende.

Comment peut-on diminuer le nombre des tâtonnements en faisant une division ?

Pour diminuer le nombre des tâtonnements en faisant une division, on suppose que le chiffre des plus hautes unités du diviseur est augmenté d'une unité lorsque le deuxième chiffre à partir de la gauche surpasse 5, et l'on augmente aussi d'autant le nombre des unités de même ordre que renferme le dividende. Ainsi, dans la division de 2734 par 378, comme le deuxième chiffre à partir de la gauche surpasse 5, au lieu de dire : En 27, combien de fois 3? on dira : En 28, combien de fois 4? —7 fois, et 7 est effectivement le quotient demandé.

En suivant la marche indiquée pour diminuer le nombre des tâtonnements qu'on est obligé de faire en faisant une division, trouve-t-on toujours immédiatement le chiffre du quotient?

En suivant cette marche on ne trouve pas toujours immédiatement le chiffre du quotient, mais on y arrive plus tôt que par toute autre méthode.

Comment trouve-t-on immédiatement et sans tâtonnements un chiffre du quotient d'une division?

Pour trouver immédiatement un chiffre du quotient d'une division, on forme le tableau des neuf premiers multiples du diviseur. Cela fait, on cherche dans ce tableau le plus grand multiple du diviseur qui soit contenu dans chaque dividende partiel, et le chiffre qui a donné ce plus grand multiple est le chiffre exact du quotient. Mais bien qu'en opérant ainsi on trouve de suite et sans tâtonnements les différents chiffres du quotient, il ne faut pas suivre cette méthode, parce qu'elle est généralement trop longue, et qu'elle est contraire à la vraie pratique du calcul.

Donnez un exemple d'application de la manière de trouver sans tâtonnements un chiffre du quotient d'une division.

Soit proposé de diviser 2734 par 378.

<table>
<tr><td>

TABLEAU
de la division.

```
2 7 3 4 ⌈ 3 7 8
2 6 4 6 ⌊ ‾‾‾
          7
  8 8
```

Je forme d'abord le tableau des neuf premiers multiples du diviseur en multipliant le divi-seur successivement par les neuf premiers nombres, en disant : 1 fois 8, 8; 1 fois 7, 7; 1 fois

</td><td>

TABLEAU
des neuf premiers multiples du diviseur.

$$3\,7\,8 \times 1 = 3\,7\,8$$
$$3\,7\,8 \times 2 = 7\,5\,6$$
$$3\,7\,8 \times 3 = 1\,1\,3\,4$$
$$3\,7\,8 \times 4 = 1\,5\,1\,2$$
$$3\,7\,8 \times 5 = 1\,8\,9\,0$$
$$3\,7\,8 \times 6 = 2\,2\,6\,8$$
$$3\,7\,8 \times 7 = 2\,6\,4\,6$$
$$3\,7\,8 \times 8 = 3\,0\,2\,4$$
$$3\,7\,8 \times 9 = 3\,4\,0\,2$$

</td></tr>
</table>

3, 3. — 2 fois 8, 16 : j'écris 6 et je retiens 1; 2 fois 7, 14, et 1 de retenue 15 : j'écris 5 et je retiens 1; 2 fois 3,

6, et 1 de retenue 7 : j'écris 7. — 3 fois 8, 24 : j'écris 4
et je retiens 2; 3 fois 7, 21, et 2 de retenue 23 : j'écris 3
et je retiens 2; 3 fois 3, 9, et 2 de retenue 11 : j'écris 11.
— 4 fois 8, 32 : j'écris 2 et je retiens 3; 4 fois 7, 28, et
3 de retenue 31 : j'écris 1 et je retiens 3; 4 fois 3, 12,
et 3 de retenue 15 : j'écris 15. — 5 fois 8, 40 : j'écris 0
et je retiens 4; 5 fois 7, 35, et 4 de retenue 39 : j'écris 9
et je reliens 3; 5 fois 3, 15, et 3 de retenue 18 : j'écris
18. — 6 fois 8, 48 : j'écris 8 et je retiens 4; 6 fois 7, 42,
et 4 de retenue 46 : j'écris 6 et je retiens 4; 6 fois 3, 18,
et 4 de retenue 22 : j'écris 22. — 7 fois 8, 56 : j'écris 6
et je retiens 5; 7 fois 7, 49, et 5 de retenue 54 : j'écris 4
et je retiens 5; 7 fois 3, 21, et 5 de retenue 26 : j'écris 26.
— 8 fois 8, 64 : j'écris 4 et je retiens 6; 8 fois 7, 56, et
6 de retenue 62 : j'écris 2 et je retiens 6; 8 fois 3, 24, et
6 de retenue 30 : j'écris 30. — 9 fois 8, 72 : j'écris 2 et je
retiens 7; 9 fois 7, 63, et 7 de retenue 70 : j'écris 0 et je
retiens 7; 9 fois 3, 27; et 7 de retenue 34 : j'écris 34.

Cela fait, je cherche dans ce tableau le plus grand multiple du diviseur contenu dans 2734, qui est ici le premier
et le seul dividende; je vois que c'est 2646, puisque le
suivant, 3024, est plus grand que 2734, et comme le chiffre
qui a donné 2646 est 7, j'en conclus immédiatement que
7 est le chiffre exact du quotient de 2734 par 378.

Si le dividende se décomposait en plusieurs dividendes
partiels, on agirait sur chacun d'eux comme je viens de
le faire sur 2742, et on trouverait immédiatement chaque
chiffre correspondant du quotient.

*Comment divise-t-on un nombre quelconque composé de
plusieurs chiffres par un nombre quelconque composé aussi
de plusieurs chiffres, ou plus simplement, comment fait-on
la division?*

RÈGLE GÉNÉRALE. — Pour faire la division, on écrit le
dividende, puis le diviseur à la droite du dividende, en
les séparant par un trait vertical. On souligne le diviseur,
pour écrire le quotient au-dessous. Cela fait, on prend sur
la gauche du dividende assez de chiffres pour que le nombre qu'ils expriment puisse contenir le diviseur. On a
ainsi un premier dividende partiel que l'on divise par le
diviseur, ce qui donne le chiffre des plus hautes unités
du quotient. On multiplie le diviseur par ce premier chiffre
du quotient, on retranche le produit du premier dividende
partiel, et l'on abaisse à la droite du reste le premier des

chiffres séparés à droite dans le dividende. On a ainsi un deuxième dividende partiel que l'on divise par le diviseur, ce qui donne le deuxième chiffre du quotient. On écrit ce deuxième chiffre du quotient à la droite du premier; on agit sur le deuxième dividende partiel ainsi formé et sur le deuxième chiffre du quotient comme on a fait sur le premier dividende partiel et sur le premier chiffre du quotient; et on continue cette série d'opérations jusqu'à ce qu'on ait abaissé le dernier chiffre du dividende, en ayant soin, à chaque opération, d'écrire le quotient obtenu à la droite du précédent.

Si l'un des dividendes partiels est moindre que le diviseur, il ne contient pas ce diviseur; alors on écrit un zéro au quotient, et l'on abaisse à la droite de ce dividende partiel le chiffre suivant du dividende total, ce qui donne un nouveau dividende partiel que l'on divise par le diviseur. S'il n'y avait plus de chiffre à abaisser, l'opération serait terminée.

Donnez un exemple d'application de la règle générale de la division.

Soit proposé de diviser 234567 par 486.

Tableau de l'opération.

```
Dividende    2 3 4 5 6 7 | 4 8 6   diviseur.
             1 9 4 4      ) 4 8 2   quotient.
               ―――――――――
               4 0 1 6
               3 8 8 8
                 ―――――――
                 1 2 8 7
                   9 7 2
                   ―――――――
Reste            3 1 5
```

Suivant la règle, j'écris le dividende 234567, puis à sa droite le diviseur 486, en les séparant par un trait vertical; je souligne le diviseur pour écrire le quotient au-dessous. Cela fait, je prends sur la gauche du dividende assez de chiffres pour que le nombre qu'ils expriment puisse contenir le diviseur, c'est-à-dire quatre dans l'exemple proposé, ce qui donne pour premier dividende partiel 2345 que je vais diviser par 486, ce qui me donnera le chiffre des plus hautes unités du quotient. Mais comme le deuxième chiffre du diviseur à partir de la gauche surpasse 5, au lieu de dire : En 23, combien de fois 4? je dis : En 24, combien de fois 5? — 4 fois. J'écris 4 au quotient, je multiplie le diviseur par 4, en disant : 4 fois 6, 24 : j'écris 4 et je retiens 2; 4 fois 8, 32, et 2 de retenue 34 : j'écris 4 et je retiens 3; 4 fois 4, 16, et 3 de retenue 19 : j'écris 19. Et comme le produit 1944 peut se retrancher de 2345, j'en conclus d'abord que 4 n'est pas trop fort. — Je retranche 1944 de 2345, en disant : 4 ôtés de 5, reste 1 : j'écris 1; 4 ôtés de 4, reste 0 : j'écris 0; 9 ôtés de 13, reste 4 : j'écris 4 et je retiens 1; 1 de retenue et 1, 2 ôtés de 2, reste 0, que je puis me dispenser d'écrire ici comme étant inutile, et comme le reste 401 est moindre que le diviseur, j'en conclus que 4 n'est pas trop faible; je viens de dire qu'il n'était pas trop fort : donc il est exact.

Sur la droite du reste 401 j'abaisse le premier des chiffres séparés dans le dividende total, lequel est 6, et j'ai pour deuxième dividende partiel 4016 que je divise par 486, en disant, comme précédemment : En 41, combien de fois 5? — 8 fois. J'écris 8 au quotient et à la droite du précédent; je multiplie le diviseur par 8, en disant : 8 fois 6, 48: j'écris 8 et je retiens 4; 8 fois 8, 64, et 4 de retenue 68 : j'écris 8 et je retiens 6; 8 fois 4, 32, et 6 de retenue 38 : j'écris 38. Et comme le produit 3888 peut se retrancher de 4016, j'en conclus que 8 n'est pas trop fort. — Je retranche 3888 de 4016, en disant : 8 ôtés de 16, reste 8 : j'écris 8 et je retiens 1; 1 de retenue et 8, 9 ôtés de 11, reste 2 : j'écris 2 et je retiens 1; 1 de retenue et 8, 9 ôtés de 10, reste 1 : j'écris 1 et je retiens 1; 1 de retenue et 3, 4 ôtés de 4, reste 0, et comme le reste 128 est moindre que le diviseur, j'en conclus que 8 n'est pas trop faible; je viens de dire qu'il n'était pas trop fort : donc il est exact.

Sur la droite du reste 128 j'abaisse le deuxième et dernier des chiffres séparés dans le dividende total, lequel est 7, et j'ai pour troisième et dernier dividende partiel 1287 que je divise par 486, en disant, comme précédemment : En 13, combien de fois 5? — 2 fois. J'écris 2 au quotient et à la droite du précédent; je multiplie le diviseur par 2, en disant : 2 fois 6, 12 : j'écris 2 et je retiens 1; 2 fois 8, 16, et 1 de retenue 17 : j'écris 7 et je retiens 1; 2 fois 4, 8, et 1 de retenue 9 : j'écris 9. Et comme le produit 972 peut se retrancher de 1287, j'en conclus que 2 n'est pas trop fort. — Je retranche 972 de 1287, en disant : 2 ôtés de 7, reste 5 : j'écris 5; 7 ôtés de 8, reste 1 : j'écris 1; 9

ôtés de 12, reste 3 : j'écris 3, et comme le reste 315 est moindre que le diviseur, j'en conclus que 2 n'est pas trop faible; je viens de dire qu'il n'était pas trop fort : donc il est exact. Comme il n'y a plus de chiffre à abaisser au dividende, l'opération est terminée. Ainsi, en divisant 234567 par 486, j'ai 482 pour quotient et 315 pour reste.

Dans une division, comment fait-on en même temps les multiplications et les soustractions correspondantes?

Dans une division, pour faire en même temps les multiplications et les soustractions correspondantes, on multiplie successivement, et en commençant par la droite, chaque chiffre du diviseur par le chiffre trouvé au quotient : si le produit peut se retrancher du chiffre correspondant du dividende, on écrit le reste au-dessous, et zéro s'il ne reste rien; si le produit ne peut pas se retrancher, on augmente ce chiffre d'autant de fois dix qu'il en faut pour rendre la soustraction possible, on retranche alors ce produit du chiffre du dividende augmenté de ce nombre de fois dix, et on retient autant d'unités qu'on a ajouté de fois dix pour les ajouter au produit du chiffre suivant du diviseur par le chiffre du quotient, afin que le reste ne change pas. On obtient ainsi le résultat demandé.

Donnez un exemple d'application pour faire en même temps les multiplications et les soustractions correspondantes d'une division.

Soit proposé de diviser 123456 par 4321.

Tableau de l'opération.

$$
\begin{array}{ccccccc}
1 & 2 & 3 & 4 & 5 & 6 & \left\{ \begin{array}{cccc} 4 & 3 & 2 & 1 \\ \hline 2 & 8 & & \end{array} \right. \\
 & 3 & 7 & 0 & 3 & 6 & \\
 & & 2 & 4 & 6 & 8 &
\end{array}
$$

Suivant la règle connue, je divise par les 4 mille du diviseur les 12 mille du premier dividende partiel, en disant : En 12, combien de fois 4? — 3 fois; mais je n'écris que 2 au quotient, parce que 3 serait évidemment trop fort. Je multiplie le diviseur par 2, en disant : 2 fois 1, 2 ôtés de 5, reste 3 : j'écris 3; 2 fois 2, 4 ôtés de 4, reste 0 : j'écris 0; 2 fois 3, 6 ôtés de 3, cela ne se peut; j'ajoute 10, et 3, 13; 6 ôtés de 13, reste 7 : j'écris 7 et je retiens 1 pour l'ajouter au produit du chiffre suivant du diviseur par 2, afin que le reste ne change pas; 2 fois 4, 8, et 1 de retenue 9 ôtés de 12, reste 3 : j'écris 3. Et comme le reste 3703 est moindre que le diviseur, le chiffre 2 mis au quotient est bon.

Sur la droite du reste 3703 j'abaisse le premier et dernier chiffre séparé dans le dividende, lequel est 6, et j'ai pour deuxième et dernier dividende partiel 37036 que je divise en opérant sur ce deuxième dividende partiel comme sur le premier. Je dis donc : En 37, combien de fois 4? — 9 fois; mais je n'écris que 8 au quotient, parce que 9 serait évidemment trop fort. Je multiplie le diviseur par 8, en disant : 8 fois 1, 8 ôtés de 6, cela ne se peut; j'ajoute 10, et 6, 16 : 8 ôtés de 16, reste 8 : j'écris 8 et je retiens 1; 8 fois 2, 16, et 1 de retenue 17 ôtés de 3, cela ne se peut; j'ajoute deux fois 10 ou 20, et 3, 23 : 17 ôtés de 23; reste 6 : j'écris 6 et je retiens 2; 8 fois 3, 24, et 2 de retenue 26 ôtés de 0, cela ne se peut; j'ajoute trois fois 10 ou 30, et 0, 30; 26 ôtés de 30, reste 4 : j'écris 4 et je retiens 3; 8 fois 4, 32 et 3 de retenue 35 ôtés de 37, reste 2 : j'écris 2. Le reste 2468 étant moindre que le diviseur, le chiffre 8 mis au quotient est bon, et comme il n'y a plus de chiffre à abaisser au dividende, l'opération est terminée. Ainsi, en divisant 123456 par 4321, j'ai 28 pour quotient et 2468 pour reste.

En faisant la division, vous venez de dire: En 12, combien de fois 4? 3 fois; mais je n'écris que 2 au quotient, parce que 3 serait évidemment trop fort : comment voyez-vous que cela est évident?

Je vois que cela est évident par la seule inspection du diviseur : car si je multipliais par 3 le deuxième chiffre du diviseur à partir de la gauche, je retiendrais au moins 1, qui, ajouté au produit des plus hautes unités du diviseur, donnerait un nombre plus grand que 12. C'est, au reste, un calcul qu'il faut toujours faire mentalement avant d'écrire le chiffre du quotient, parce que c'est encore un moyen de diminuer le nombre des tâtonnements d'une division.

Comment fait-on la division lorsque le dividende et le diviseur sont terminés par des zéros?

Pour faire la division lorsque le dividende et le diviseur sont terminés par des zéros, on supprime sur la droite des nombres proposés le même nombre de zéros, c'est-à-dire autant qu'il y en a dans celui des deux nombres qui en contient le moins, puis on fait la division comme à l'ordinaire et on obtient ainsi le résultat demandé.

Donnez un exemple d'application de cette règle.
Soit proposé de diviser 15205500 par 32700.

Tableau de l'opération.

$$
\begin{array}{r|l}
1\ 5\ 2\ 0\ 5\ 5\ \cancel{0}\ \cancel{0} & 3\ 2\ 7\ \cancel{0}\ \cancel{0} \\
2\ 1\ 2\ 5 & \overline{4\ 6\ 5} \\
1\ 6\ 3\ 5 & \\
0\ 0\ 0 &
\end{array}
$$

Suivant la règle, je supprime deux zéros sur la droite du dividende et du diviseur, opération que j'indique en barrant ces zéros pour me rappeler que je dois en faire abstraction, ce qui me conduira à diviser 152055 par 327 ; puis en faisant l'opération comme à l'ordinaire je trouverai le même quotient que si je divisais entre eux les nombres proposés : car si d'un côté je rends le quotient cent fois plus grand par la suppression de deux zéros sur la droite du diviseur, de l'autre je le rends cent fois plus petit par la suppression du même nombre de zéros sur la droite du dividende.

Je fais donc la division en disant : En 15, combien de fois 3 ? — 4 fois. J'écris 4 au quotient ; je multiplie le diviseur par 4, en disant : 4 fois 7, 28 ôtés de 0, cela ne se peut ; j'ajoute trois fois dix ou 30, et 0, 30 ; 28 ôtés de 30, reste 2 : j'écris 2 et je retiens 3 pour les ajouter au produit du chiffre suivant du diviseur par 4, afin que le reste ne change pas ; 4 fois 2, 8, et 3 de retenue 11 ôtés de 2, cela ne se peut ; j'ajoute 10, et 2, 12 ; 11 ôtés de 12, reste 1 : j'écris 1 et je retiens 1 pour l'ajouter au produit du chiffre suivant du diviseur par 4, afin que le reste ne change pas : 4 fois 3, 12, et 1 de retenue 13 ôtés de 15, reste 2 : j'écris 2 ; et comme le reste 212 est moindre que le diviseur, le chiffre 4 mis au quotient est bon.

Sur la droite du reste 212 j'abaisse le premier des chiffres séparés dans le dividende total, lequel est 5, et j'ai pour deuxième dividende partiel 2125, que je divise en opérant sur ce deuxième dividende partiel et sur tous ceux qui suivent, comme sur le premier, en disant : En 21, combien de fois 3 ? — 7 fois ; mais je n'écris que 6 au quotient, parce que 7 serait évidemment trop fort. Je multiplie le diviseur par 6, en disant : 6 fois 7, 42 ôtés de 5, cela ne se peut ; j'ajoute quatre fois dix, ou 40 et 5, 45 ; 42 ôtés de 45, reste 3 : j'écris 3 et je retiens 4 : 6 fois 2, 12, et 4 de retenue 16

ôtés de 2, cela ne se peut; j'ajoute deux fois dix ou 20, et
2, 22; 16 ôtés de 22, reste 6 : j'écris 6 et je retiens 2 ; 6
fois 3, 18, et 2 de retenue 20 ôtés de 21, reste 1 : j'écris
1 ; et comme le reste 163 est moindre que le diviseur, le
chiffre 6 mis au quotient est bon.

Sur la droite du reste 163 j'abaisse le deuxième et dernier des chiffres séparés dans le dividende total, lequel
est 5, et j'ai pour troisième et dernier dividende partiel
1635, que je divise comme précédemment, en disant : En 16,
combien de fois 3? — 5 fois. J'écris 5 au quotient et à la
droite du précédent; je multiplie le diviseur par 5, en disant : 5 fois 7, 35 ôtés de 5, cela ne se peut; j'ajoute trois
fois dix ou 30, et 5, 35; 35 ôtés de 35, reste 0 : j'écris 0 et
je retiens 3 ; 5 fois 2, 10, et 3 de retenue 13 ôtés de 3, cela
ne se peut; j'ajoute 10, et 3, 13; 13 ôtés de 13, reste 0 :
j'écris 0 et je retiens 1 ; 5 fois 3, 15, et 1 de retenue 16
ôtés de 16, reste 0 : j'écris 0. Le reste, qui ne se compose
que de zéros, étant évidemment moindre que le diviseur,
le chiffre 5 mis au quotient est bon ; et comme il n'y a
plus de chiffre à abaisser, l'opération est terminée.

*Quelle règle pourrait-on suivre encore pour faire cette di-
vision ?*

La règle générale, puisqu'elle est applicable à tous les
cas ; mais lorsque ce cas se présente il vaut mieux suivre
la règle particulière, parce qu'elle conduit plus promptement et plus simplement au même résultat.

Comment fait-on la preuve de la division?

On peut faire la preuve de la division de plusieurs manières; mais la plus simple c'est de multiplier le diviseur
par le quotient considérés comme nombres abstraits, et si
la division s'est faite sans reste on doit retrouver le dividende si l'opération a été bien faite ; — mais si la division
a donné un reste, il faut, pour qu'elle ait été bien faite,
que le produit du diviseur par le quotient, plus le reste,
soit égal au dividende.

*Donnez un exemple d'application de la preuve de la di-
vision lorsqu'elle se fait sans reste ; — lorsqu'elle donne
un reste.*

Soit proposé : 1° de vérifier si 465 est le quotient de la
division de 152055 par 327, qui s'est faite sans reste;
2° de vérifier si 482 est le quotient de la division de 234567
par 486, qui a donné 315 pour reste.

Tableau des divisions et des preuves.

1re *Division.*		*Preuve.*

```
1 5 2 0 5 5 ( 3 2 7              3 2 7
  2 1 2 5  )—————               4 6 5
  1 6 3 5  ( 4 6 5            —————————
    0 0 0                       1 6 3 5
                              1 9 6 2
                            1 3 0 8
```

Produit égal au dividende   1 5 2 0 5 5

```
2e Division.                    Preuve.
2 3 4 5 6 7 ( 4 8 6             4 8 6
  4 0 1 6  )—————              4 8 2
  1 2 8 7  ( 4 8 2           —————————
    3 1 5                        9 7 2
                              3 8 8 8
                            1 9 4 4
```

Reste de la division   3 1 5

Produit égal au dividende 2 3 4 5 6 7

Pour faire la première vérification, je multiplie le diviseur 327 par le quotient 465, en disant : 5 fois 7, 35 : j'écris 5 et je retiens 3 ; 5 fois 2, 10, et 3 de retenue 13 : j'écris 3 et je retiens 1 ; 5 fois 3, 15, et 1 de retenue 16 : j'écris 16.

Opérant de même pour chacun des autres chiffres significatifs du diviseur, je dis : 6 fois 7, 42 : j'écris 2 sous les dizaines, et je retiens 4 : 6 fois 2, 12, et 4 de retenue 16 : j'écris 6 et je retiens 1 ; 6 fois 3. 18, et 1 de retenue 19 : j'écris 19.

4 fois 7, 28 : j'écris 8 sous les centaines et je retiens 2 ; 4 fois 2, 8, et 2 de retenue 10 : j'écris 0 et je retiens 1 ; 4 fois 3, 12. et 1 de retenue 13 : j'écris 13.

Tous les chiffres du quotient étant épuisés, je souligne les produits partiels et j'en fais l'addition, en disant : 5, j'écris 5 ; 3 et 2, 5 : j'écris 5 ; 6 et 6, 12. et 8, 20 : j'écris 0 et je retiens 2 ; 2 de retenue et 1, 3, et 9, 12 : j'écris 2 et je retiens 1 ; 1 de retenue et 1, 2, et 3, 5 : j'écris 5 ; 1, j'écris 1. Le produit 152055 étant égal au dividende, j'en conclus que la première division a été bien faite.

Pour faire la deuxième vérification, je multiplie de même le diviseur 486 par le quotient 482, en disant : 2 fois 6, 12 : j'écris 2 et je retiens 1 ; 2 fois 8, 16, et 1 de retenue 17 : j'écris 7 et je retiens 1 : 2 fois 4, 8, et 1 de retenue 9 : j'écris 9.

Opérant de même pour chacun des autres chiffres significatifs du diviseur, je dis : 8 fois 6, 48 : j'écris 8 sous les dizaines et je retiens 4 ; 8 fois 8, 64, et 4 de retenue 68 : j'écris 8 et je retiens 6 ; 8 fois 4, 32, et 6 de retenue 38 : j'écris 38.

4 fois 6, 24 : j'écris 4 sous les centaines et je retiens 2 ; 4 fois 8, 32, et 2 de retenue 34 : j'écris 4 et je retiens 3 ; 4 fois 4, 16, et 3 de retenue 19 : j'écris 19.

Tous les chiffres du quotient étant épuisés, j'écris le reste de la division sous les produits partiels, en faisant correspondre les unités de même ordre ; je souligne ensuite les produits partiels et le reste que je place ainsi pour simplifier le calcul, puis je fais l'addition, en disant : 2 et 5, 7 : j'écris 7 ; 7 et 8, 15, et 1, 16 : j'écris 6 et je retiens 1 ; 1 de retenue et 9, 10, et 8, 18, et 4, 22, et 3, 25 : j'écris 5 et je retiens 2 ; 2 de retenue et 8, 10, et 4, 14 : j'écris 4 et je retiens 1 ; 1 de retenue et 3, 4, et 9, 13 : j'écris 3 et je retiens 1 ; 1 de retenue et 1, 2 : j'écris 2. Le produit 234567, y compris le reste, étant égal au dividende, j'en conclus que la deuxième division a été bien faite.

Division par la méthode des soustrations.

Comment fait-on la division par la méthode des soustractions successives?

Pour faire la division par la méthode des soustractions successives, on retranche le diviseur du dividende autant de fois que la chose est possible : le nombre des soustractions que l'on aura faites indiquera évidemment combien de fois le dividende contient le diviseur, et sera, par conséquent, la valeur du quotient ; mais il faut pour cela qu'il ne vienne pas plus d'un chiffre au quotient, car s'il devait se composer seulement de deux chiffres, l'opération deviendrait impraticable par sa longueur, puisqu'il pourrait arriver qu'on ait jusqu'à quatre-vingt-dix-neuf soustractions à faire.

Donnez un exemple d'application de la manière de faire la division par la méthode des soustractions successives, lorsque la dernière soustraction se fait sans reste ; — lorsque la dernière soustraction donne un reste.

Soit proposé de diviser par cette méthode 36, puis 38 par 9.

Tableau des opérations.

1re *Division* par la méthode des soustractions.		2e *Division* par la méthode des soustractions.	
1re soustraction	3 6	1re soustraction	3 8
	9		9
2e soustraction	2 7	2e soustraction	2 9
	9		9
3e soustraction	1 8	3e soustraction	2 0
	9		9
4e soustraction	9	4e soustraction	1 1
	9		9
Reste	**0**	**Reste**	**2**

Suivant la règle, je dis pour la première : 9 ôtés de 36, reste 27 : j'écris 27; 9 ôtés de 27, reste 18 : j'écris 18 ; 9 ôtés de 18, reste 9 : j'écris 9; 9 ôtés de 9, reste 0 : j'écris 0. — J'ai fait quatre soustractions : donc le quotient de 36 par 9 est 4 exactement.

Pour la deuxième, je dis de même : 9 ôtés de 38, reste 29 : j'écris 29; 9 ôtés de 29, reste 20 : j'écris 20 ; 9 ôtés de 20, reste 11 : j'écris 11; 9 ôtés de 11, reste 2 : j'écris 2. — J'ai fait quatre soustractions et j'ai pour reste 2; mais ce reste ne me permettant plus de faire une nouvelle soustraction, le quotient de 38 divisé par 9 est donc 4, et le reste 2.

Manière de faire pratiquement la division.

Donnez un exemple d'application de la manière de faire pratiquement la division.

Soit proposé de diviser 234567 par 486.

Tableau de l'opération.

```
2 3 4 5 6 7 ( 4 8 6
  4 0 1 6  ) ‾‾‾‾‾‾
    1 2 8 7   4 8 2
      3 1 5
```

Les trois premiers chiffres à gauche du dividende ne contenant pas le diviseur, je prends quatre chiffres et je dis : En 234, combien de fois 5 ? — 4 fois; 4 fois 6, 24 ôtés de 25, reste 1 : j'écris 1 et je retiens 2 ; 4 fois 8, 32, et 2, 34 ôtés de 34, reste 0 : j'écris 0 et je retiens 3; 4 fois 4, 16, et 3, 19 ôtés de 23, reste 4 : j'écris 4. J'abaisse 6. En

41, combien de fois 5 ? — 8 fois ; 8 fois 6, 48 ôtés de 56, reste 8 : j'écris 8 et je retiens 5 ; 8 fois 8, 64, et 5, 69 ôtés de 71, reste 2 : j'écris 2 et je retiens 7 ; 8 fois 4, 32, et 7, 39 ôtés de 40, reste 1 : j'écris 1. J'abaisse 7. En 13, combien de fois 5 ? — 2 fois ; 2 fois 6, 12 ôtés de 17, reste 5 : j'écris 5 et je retiens 1 ; 2 fois 8, 16, et 1, 17 ôtés de 18, reste 1 : j'écris 1 et je retiens 1 ; 2 fois 4, 8, et 1, 9 ôtés de 12, reste 3 : j'écris 3. Comme il n'y a plus de chiffre à abaisser au dividende, l'opération est terminée. Ainsi, en divisant 234567 par 486, j'ai 482 pour quotient et 315 pour reste.

DIVISION DES NOMBRES DÉCIMAUX.

Combien distingue-t-on de cas dans la division des nombres décimaux ?

On peut distinguer trois cas dans la division des nombres décimaux : 1° lorsque le diviseur est exprimé par 1 suivi d'un ou de plusieurs zéros ; 2° lorsque le diviseur est un nombre entier quelconque ; 3° lorsque le diviseur est un nombre décimal.

Comment divise-t-on un nombre décimal par 1 suivi d'un ou de plusieurs zéros ?

Pour diviser un nombre décimal par 1 suivi d'un zéro ou par 10, par 1 suivi de deux zéros ou par 100, par 1 suivi de trois zéros ou par 1000, etc., il suffit de reculer la virgule d'un rang vers la gauche si on doit diviser par 10, de deux rangs si on doit diviser par 100, de trois rangs si on doit diviser par 1000. etc., c'est-à-dire qu'il suffit de reculer la virgule d'autant de rangs vers la gauche qu'il y a de zéros à la suite de 1, et l'on a immédiatement le quotient demandé.

Donnez un exemple d'application de cette règle.

Soit proposé de diviser le nombre décimal 327,327 par 1 suivi de deux zéros ou par 100.

Suivant la règle, je recule la virgule de deux rangs vers la gauche de 327,327, et j'ai 3,27327, qui est le résultat demandé.

Expliquez comment en opérant ainsi vous obtenez le quotient demandé.

En reculant la virgule de deux rangs vers la gauche, chacun des chiffres du nombre proposé aura avancé de deux rangs vers la droite : donc chacun d'eux exprimera des unités 100 fois plus petites ; donc toutes les parties de ce nombre étant devenues 100 fois plus petites, ce nombre est devenu lui-même 100 fois plus petit ; donc il a été divisé par 100 ; donc la règle est vraie.

Si la virgule doit parcourir plus de rangs qu'il n'y a de chiffres à gauche de la virgule, comment y supplée-t-on ?

Si la virgule doit parcourir plus de rangs qu'il n'y a de chiffres à gauche de la virgule, on y supplée en complétant par des zéros les rangs qui manquent.

Donnez un exemple d'application de ce cas de division.

Soit proposé de diviser 3,27 par 1000.

Pour faire cette division, je dois, conformément à la règle générale, reculer la virgule de trois rangs vers la gauche, et comme il n'y a qu'un chiffre à gauche de la virgule, j'ajoute deux zéros à gauche de la partie entière pour tenir lieu des deuxième et troisième rangs qui manquent, et j'ai, en mettant un zéro pour tenir lieu des unités, 0,00327 cent-millièmes, qui est le résultat demandé.

Quelle différence y a-t-il entre diviser un nombre décimal par 10, par 100, par 1000, etc., et rendre ce nombre 10 fois, 100 fois, 1000, etc., fois plus petit ?

Il n'y en a point. Ainsi, diviser le nombre décimal 327,327 par 10 ou le rendre 10 fois plus petit, c'est la même chose, car il suffit, dans les deux cas, de reculer la virgule d'un rang vers la gauche de 327,327, et on a 3,27327 cent-millièmes, qui est le résultat demandé.

Comment divise-t-on un nombre décimal par un nombre entier ?

Pour diviser un nombre décimal par un nombre entier, on fait la division sans s'occuper de la virgule, et comme si c'était un nombre entier, puis on sépare, par une virgule sur la droite du quotient obtenu, autant de chiffres décimaux qu'il y en a au dividende, et l'on obtient ainsi le résultat demandé.

Donnez un exemple d'application de cette règle.

Soit proposé de diviser 2345,67 par 486.

Tableau de l'opération.

$$\begin{array}{llllll}
2\ 3\ 4\ 5,\ 6\ 7 & |\ 4\ 8\ 6 \\
\ \ 4\ 0\ 1\ 6 & \overline{|\ 4,8\ 2} \\
\ \ \ \ 1\ 2\ 8\ 7 \\
\ \ \ \ \ \ 3\ 1\ 5
\end{array}$$

Suivant la règle, je fais la division sans m'occuper de
la virgule, et comme si j'avais à diviser 234567 par 486,
en disant : En 23, combien de fois 5 ? — 4 fois ; 4 fois 6,
24 ôtés de 25, reste 1 : j'écris 1 et je retiens 2, etc........
Comme il n'y a plus de chiffre à abaisser au dividende,
l'opération est terminée, et comme j'ai deux chiffres décimaux au dividende, j'en sépare deux par une virgule
sur la droite du quotient que je viens d'obtenir, et j'ai
pour quotient définitif 4 unités 82 centièmes, plus 315 centièmes pour reste.

*Expliquez comment en opérant ainsi vous obtenez le quo-
tient demandé.*

En supprimant la virgule dans le dividende, je rends ce
dividende 100 fois plus grand, et par conséquent le quotient 100 fois plus grand, car un dividende 100 fois plus
grand contient 100 fois plus de fois le même diviseur ; le
quotient obtenu par cette division est donc 100 fois trop
grand ; pour le rendre 100 fois plus petit ou tel qu'il doit
être, il faut donc le diviser par 100, ce qui revient à reculer la virgule de deux rangs vers la gauche, précisé-
ment d'autant de rangs qu'il y a de chiffres décimaux au
dividende : donc la règle est vraie.

*Comment divise-t-on plus pratiquement un nombre déci-
mal par un nombre entier ?*

Pour diviser plus pratiquement un nombre décimal par
un nombre entier, on fait la division sans s'occuper de la
virgule ; seulement, quand on a abaissé le chiffre décimal
qui suit la virgule au dividende, on place une virgule au
quotient, et lorsqu'il n'y a plus de chiffre à abaisser au dividende l'opération est terminée.

Donnez un exemple d'application de cette règle.
Soit proposé de diviser 2345,67 par 486.

Tableau de l'opération.

```
2 3 4 5, 6 7 | 4 8 6
  4 0 1 6    )‾‾‾‾‾‾‾
    1 2 8 7   | 4, 8 2
      3 1 5
```

Suivant la règle, je fais la division sans m'occuper de
la virgule, et comme si j'avais à diviser 234567 par 486,
en disant : En 24, combien de fois 5 ?— 4 fois ; 4 fois 6, 24 ôtés
de 25, reste 1 : j'écris 1 et je retiens 2, etc.... Comme il
n'y a plus de chiffre à abaisser au dividende, l'opération

est terminée. Ainsi, en divisant 2345,67 par 486, j'ai 4 unités 82 centièmes pour quotient, et 315 centièmes pour reste.

Comment divise-t-on un nombre quelconque par un nombre décimal ?

Pour diviser un nombre quelconque par un nombre décimal, on supprime la virgule dans le diviseur, et on l'avance dans le dividende d'autant de rangs vers la droite qu'il y a de chiffres décimaux dans le diviseur, ce qui ramène au cas d'avoir à diviser un nombre décimal ou entier par un nombre entier. On fait alors la division sans s'occuper de la virgule, puis on sépare, par une virgule sur la droite du quotient obtenu, autant de chiffres décimaux qu'il y en a au dividende.

Donnez un exemple d'application de cette règle.

Soit proposé de diviser 2345,67 par 48,6.

Tableau de l'opération.

$$
\begin{array}{r|l}
2\ 3\ 4\ 5\ 6,\ 7 & 4\ 8\ 6 \\
\quad 4\ 0\ 1\ 6 & \overline{4\ 8,2} \\
\qquad 1\ 2\ 8\ 7 & \\
\qquad\quad 3\ 1\ 5 &
\end{array}
$$

Suivant la règle, je supprime la virgule dans le diviseur et je l'avance d'un rang dans le dividende, ce qui me conduit à diviser 23456 unités 7 dixièmes par 486, et en faisant la division d'après la règle connue j'aurai le quotient demandé.

Je fais donc la division en disant : En 24, combien de fois 5 ? — 4 fois ; 4 fois 6, 24 ôtés de 25, reste 1 : j'écris 1 et je retiens 2, etc.... Comme il n'y a plus de chiffre à abaisser au dividende, l'opération est terminée, et comme j'ai un chiffre décimal au dividende, j'en sépare un par une virgule sur la droite du quotient que je viens d'obtenir, et j'ai pour quotient définitif 48 unités 2 dixièmes, plus 315 dixièmes pour reste.

Expliquez comment en opérant ainsi vous obtenez le quotient demandé.

En supprimant la virgule dans le diviseur, je rends ce diviseur 10 fois plus grand, et par conséquent le quotient 10 fois plus petit, car un diviseur 10 fois plus grand est contenu 10 fois moins de fois dans le dividende qui n'a pas encore subi d'altération. En avançant la virgule d'un rang dans le dividende, je rends ce dividende 10 fois plus grand, et par conséquent le quotient est 10 fois plus grand, car un dividende 10 fois plus grand contient 10 fois plus de fois le diviseur primitif. Mais c'est après avoir rendu le quotient 10 fois plus petit que je l'ai rendu 10 fois plus grand; donc il n'a pas changé de valeur; donc en divisant 23456,7 par 486 on obtient le même quotient qu'en divisant 2345,67 par 48,6 : donc la règle est vraie.

Calcul des quotients par approximation.

A quel degré d'approximation obtient-on la valeur du quotient d'un nombre décimal par un nombre entier?

Quand le diviseur est un nombre entier, le quotient est exact à moins d'une unité de l'ordre dont est le dernier chiffre décimal du dividende.

Ainsi, dans la division de 2345,67 par 486, le quotient 4,82 est exact à moins d'un centième, qui est l'ordre du dernier chiffre décimal du dividende.

Expliquez comment ce quotient est exact à moins d'un centième.

Ce quotient est exact à moins d'un centième, car 4,82 est plus petit que le quotient demandé, puisque la division a donné un reste ; on n'aurait pas pu mettre au quotient un 3 à la place du chiffre 2, et prendre pour quotient 4,83 au lieu de 4,82, parce qu'en multipliant le diviseur par 3 la soustraction correspondante n'aurait pas pu s'effectuer, ce qui prouve que 4,83 serait un quotient trop fort ; 4,82 n'est donc pas plus petit d'un centième que le quotient demandé : donc ce quotient est exact à moins d'un centième, c'est-à-dire à moins d'une unité de l'ordre dont est le dernier chiffre décimal du dividende.

Comment fait-on pour obtenir un quotient qui ne soit pas fautif d'une unité décimale d'un ordre donné ?

Pour obtenir un quotient qui ne soit pas fautif d'une unité décimale d'un ordre donné, il faut d'abord faire en sorte que le diviseur soit un nombre entier, ce que l'on obtiendra en appliquant la règle donnée à cet égard; puis, si cela est nécessaire, on écrit assez de zéros à la droite du dividende pour que le dernier chiffre de ce dividende soit de l'ordre décimal dont il s'agit; ou bien on supprime sur la droite de ce dividende tous les chiffres qui représentent des unités décimales d'un ordre inférieur à celui-là ; on fait ensuite la division conformément à la règle, et l'on obtient le quotient au degré d'approximation demandé.

Calculez, à moins d'un dixième, le quotient de 2345,67 par 48,6.

Tableau de l'opération.

$$\begin{array}{c|c}
2\ 3\ 4\ 5\ 6,\ 7 & 4\ 8\ 6 \\
4\ 0\ 1\ 6 & \overline{4\ 8,\ 2} \\
1\ 2\ 8\ 7 & \\
3\ 1\ 5 & \\
\end{array}$$

Pour faire ce calcul, je supprime la virgule dans le diviseur, et je l'avance d'un rang dans le dividende, ce qui me conduit à diviser 23456,7 par 486 ; et comme le dernier chiffre du dividende est de l'ordre décimal demandé, je fais la division conformément à la règle, en disant : En 24, combien de fois 5 ? — 4 fois ; 4 fois 6, 24 ôtés de 25, reste 1 : j'écris 1 et je retiens 2, etc..... Comme il n'y a plus de chiffre à abaisser au dividende, l'opération est terminée, et comme j'ai un chiffre décimal au dividende, j'en sépare un par une virgule sur la droite du quotient que je viens d'obtenir, et j'ai pour quotient définitif 48 unités 2 dixièmes, valeur exacte à moins d'un dixième ; c'est-à-dire que si on partageait, par exemple, 23456 unités 7 dixièmes entre 486 personnes, chaque personne aurait pour sa part 48 unités et 2 dixièmes d'unités et ne pourrait pas avoir un dixième de plus, puisqu'il ne reste que 315 dixièmes à partager et qu'il y a 486 personnes.

Calculez, à moins d'un centième, le quotient de 234567 par 486.

Tableau de l'opération.

$$\begin{array}{c|c}
2\ 3\ 4\ 5\ 6\ 7,\ 0\ 0 & 4\ 8\ 6 \\
4\ 0\ 1\ 6 & \overline{4\ 8\ 2,\ 64} \\
1\ 2\ 8\ 7 & \\
3\ 1\ 5\ 0 & \\
2\ 3\ 4\ 0 & \\
3\ 9\ 6 & \\
\end{array}$$

Pour faire ce calcul, j'ajoute deux zéros sur la droite du dividende, parce qu'on veut des centièmes au quotient, et que le dernier chiffre du dividende n'est que de l'ordre des unités ; comme alors le dernier chiffre décimal du dividende est de l'ordre décimal demandé, je fais la division conformément à la règle, en disant : En 24, combien de fois 5 ? — 4 fois ; 4 fois 6, 24 ôtés de 25, reste 1 : j'écris 4 et je retiens 2. etc..... Comme il n'y a plus de chiffre à abaisser au dividende, l'opération est terminée, et comme j'ai deux chiffres décimaux au dividende, j'en sépare deux par une virgule sur la droite du quotient que je viens d'obtenir, et j'ai pour quotient définitif 482 unités 64 centièmes, valeur exacte à moins d'un centième.

Calculez, à moins d'un millième, le quotient de 2,34567 par 48,6.

Tableau de l'opération.

$$
\begin{array}{r|l}
2\ 3,4\ 5\ 6 & 4\ 8\ 6 \\
\ \ \ 4\ 0\ 1\ 6 & \overline{0,\ 0\ 4\ 8} \\
\ \ \ \ \ \ 1\ 2\ 8 &
\end{array}
$$

Pour faire ce calcul, je supprime la virgule dans le diviseur, et je l'avance d'un rang dans le dividende, ce qui me conduit à diviser 23,4567 par 486 ; mais comme le dernier chiffre décimal de ce deuxième dividende est de l'ordre des dix-millièmes et qu'on veut seulement des millièmes, je supprime dans ce dividende le chiffre 7, qui représente des unités décimales d'un ordre inférieur aux millièmes, ce qui me conduit définitivement à diviser 23,456 par 486. Le dernier chiffre décimal du dividende étant alors de l'ordre décimal demandé, je fais la division conformément à la règle, en disant : 23 ne contenant pas le diviseur, je n'aurai point d'unités au quotient ; j'écris un zéro pour en tenir lieu ; 234 ne contenant pas le diviseur, je n'aurai pas non plus de dixièmes au quotient : mais 2345 contenant au moins une fois le diviseur, j'aurai au moins un centième au quotient : je dis donc : En 24, combien de fois 5 ? — 4 fois ; 4 fois 6, 24 ôtés de 25, reste 1 : j'écris 1 et je retiens 2, etc.... Comme il n'y a plus de chiffre à abaisser au dividende, l'opération est terminée, et comme j'ai trois chiffres décimaux au dividende, j'en sépare trois par une virgule sur la droite du quotient que je viens d'obtenir, et j'ai pour quotient définitif 0,048 millièmes, valeur exacte à moins d'un millième.

Calculez, à moins d'un dix-millième, le quotient de 234,567 par 48,6.

Tableau de l'opération.

```
2 3 4 5, 6 7 0 0 ( 4 8 6
  4 0 4 6        ┌─────────
    1 2 8 7       4, 8 2 6 4
      3 1 5 0
        2 3 4 0
          3 9 6
```

Pour faire ce calcul, je supprime la virgule dans le diviseur et je l'avance d'un rang dans le dividende, ce qui me conduit à diviser 2345,67 par 486; mais comme le dernier chiffre décimal du dividende n'est que de l'ordre des centièmes et qu'on veut des dix-millièmes, j'écris deux zéros à sa droite, ce qui me conduit définitivement à diviser 2345,6700 par 486. Le dernier chiffre décimal du dividende étant alors de l'ordre décimal demandé, je fais la division conformément à la règle, en disant : En 24, combien de fois 5? — 4 fois; 4 fois 6, 24 ôtés de 25, reste 1 : j'écris 1 et je retiens 2, etc.... Comme il n'y a plus de chiffre à abaisser au dividende, l'opération est terminée, et comme j'ai quatre chiffres décimaux au dividende, j'en sépare quatre par une virgule sur la droite du quotient que je viens d'obtenir, et j'ai pour quotient définitif 4 unités 8264 dix-millièmes, valeur exacte à moins d'un dix-millième.

Manière d'abréger la division
LORSQUE LE DIVISEUR EST UN NOMBRE D'UN SEUL CHIFFRE.

Comment abrége-t-on la division lorsque le diviseur est un nombre d'un seul chiffre?

Pour abréger la division lorsque le diviseur est un nombre d'un seul chiffre, on prend la moitié du dividende si le diviseur est 2, le tiers si le diviseur est 3, le quart si le diviseur est 4, le cinquième, le sixième, le septième, le huitième, le neuvième si le diviseur est 5, 6, 7, 8 ou 9.

A cet effet on pose la division comme à l'ordinaire, mais en opérant on écrit chaque chiffre trouvé du quotient sous les chiffres correspondants du dividende, et lorsque tous les chiffres du dividende sont ainsi divisés l'opération est terminée.

Donnez un exemple d'application de cette manière de faire la division.

Soit proposé de diviser 234567 successivement par 2, 3, 4, 5, 6, 7, 8, 9.

Tableau des opérations.

Dividende	2 3 4 5 6 7	2	diviseur.
Quotient	1 1 7 2 8 3		
Reste	1		

Division par 3.

2 3 4 5 6 7 | 3
7 8 1 8 9

Division par 4.

2 3 4 5 6 7 | 4
5 8 6 4 1
3

Division par 5.

2 3 4 5 6 7 | 5
4 6 9 1 3
2

Division par 6.

2 3 4 5 6 7 | 6
3 9 0 9 4
3

Division par 7.

2 3 4 5 6 7 | 7
3 3 5 0 9
4

Division par 8.

2 3 4 5 6 7 | 8
2 9 3 2 0
7

Division par 9.

2 3 4 5 6 7 | 9
2 6 0 6 3

Division par 2. Suivant la règle, je dis : La moitié de 2 est 1, que j'écris sous le 2 du dividende ; la moitié de 3 est 1, que j'écris sous le 3, et ainsi de suite, et il reste 1 qui vaut 10, et 4, 14 : la moitié de 14 est 7 : la moitié de 5 est 2, et il reste 1 qui vaut 10, et 6, 16 : la moitié de 16 est 8 : la moitié de 7 est 3, et il reste 1 que j'écris sous le dernier chiffre du quotient. Tous les chiffres du dividende étant divisés par 2, l'opération est terminée. Ainsi, en divisant 234567 par 2, j'ai 117283 pour quotient et 1 pour reste.

Division par 3. Suivant la règle, je dis : Le tiers de 23 est 7, que j'écris sous le 3 du dividende, et il reste 2 qui valent 20, et 4, 24 : le tiers de 24 est 8, que j'écris sous le 4, et ainsi de suite : le tiers de 5 est 1, et il reste 2 qui valent 20, et 6, 26 : le tiers de 26 est 8, et il reste 2 qui valent 20, et 7, 27 : le tiers de 27 est 9. Tous les chiffres du dividende étant divisés par 3, l'opération est terminée. Ainsi, en divisant 234567 par 3, j'ai 78189 pour quotient.

Division par 4. Suivant la règle, je dis : Le quart de 23 est 5, que j'écris sous le 3 du dividende, et il reste 3 qui valent 30, et 4, 34 ; le quart de 34 est 8, que j'écris sous le 4, et ainsi de suite, et il reste 2 qui valent 20, et 5, 25 ; le quart de 25 est 6, et il reste 1 qui vaut 10, et 6, 16 ; le quart de 16 est 4 ; le quart de 7 est 1, et il reste 3 que j'écris sous le dernier chiffre du quotient. Tous les chiffres du dividende étant divisés par 4, l'opération est terminée. Ainsi, en divisant 234567 par 4, j'ai 58641 pour quotient et 3 pour reste.

Division par 5. Suivant la règle, je dis : Le cinquième de 23 est 4, que j'écris sous le 3 du dividende, et il reste 3 qui valent 30, et 4, 34 ; le cinquième de 34 est 6, que j'écris sous le 4, et ainsi de suite, et il reste 4 qui valent 40, et 5, 45 ; le cinquième de 45 est 9 ; le cinquième de 6 est 1, et il reste 1 qui vaut 10, et 7, 17 ; le cinquième de 17 est 3, et il reste 2 que j'écris sous le dernier chiffre du quotient. Tous les chiffres du dividende étant divisés par 5, l'opération est terminée. Ainsi, en divisant 234567 par 5, j'ai 46913 pour quotient et 2 pour reste.

Division par 6. Suivant la règle, je dis : Le sixième de 23 est 3, que j'écris sous le 3 du dividende, et il reste 5 qui valent 50, et 4, 54 ; le sixième de 54 est 9, que j'écris sous le 4, et ainsi de suite ; le sixième de 5 est 0, et il reste 5 qui valent 50, et 6, 56 ; le sixième de 56 est 9, et il reste 2 qui valent 20, et 7, 27 ; le sixième de 27 est 4, et il reste 3 que j'écris sous le dernier chiffre du quotient. Tous les chiffres du dividende étant divisés par 6, l'opération est terminée. Ainsi, en divisant 234567 par 6, j'ai 39094 pour quotient et 3 pour reste.

Division par 7. Suivant la règle, je dis : Le septième de 23 est 3, que j'écris sous le 3 du dividende, et il reste 2 qui valent 20, et 4, 24 ; le septième de 24 est 3, que j'écris sous le 4, et ainsi de suite, et il reste 3 qui valent 30, et 5, 35 ; le septième de 35 est 7 ; le septième de 6 est 0, et il reste 6 qui valent 60, et 7, 67 ; le septième de 67 est 9, et il reste 4, que j'écris sous le dernier chiffre du quotient. Tous les chiffres du dividende étant divisés par 7, l'opération est terminée. Ainsi, en divisant 234567 par 7, j'ai 33509 pour quotient et 4 pour reste.

Division par 8. Suivant la règle, je dis : Le huitième de 23 et 2, que j'écris sous le 3 du dividende, et il reste 7 qui valent 70, et 4, 74 ; le huitième de 74 est 9, que j'écris

sous le 4, et ainsi de suite, et il reste 2 qui valent 20, et 5,
25 ; le huitième de 25 est 3, et il reste 1 qui vaut 10, et 6,
16 ; le huitième de 16 est 2 ; le huitième de 7 est 0, et il
reste 7, que j'écris sous le dernier chiffre du quotient. Tous
les chiffres du dividende étant divisés par 8, l'opération est
terminée. Ainsi, en divisant 234567 par 8, j'ai 29320 pour
quotient et 7 pour reste.

Division par 9. Suivant la règle, je dis : Le neuvième de
23 est 2, que j'écris sous le 3 du dividende, et il reste 5
qui valent 50, et 4, 54 ; le neuvième de 54 est 6, que j'é-
cris sous le 4, et ainsi de suite ; le neuvième de 5 est 0, et
il reste 5 qui valent 50, et 6, 56 ; le neuvième de 56 est 6,
et il reste 2 qui valent 20, et 7, 27 : le neuvième de 27 est
3. Tous les chiffres du dividende étant divisés par 9, l'opération est terminée. Ainsi, en divisant 234567 par 9, j'ai
26063 pour quotient.

Cette manière d'abréger la division est-elle bien utile?

Cette manière d'abréger la division est très-utile, mais
elle exige beaucoup de pratique pour qu'on arrive à faire
vite et bien un pareil calcul.

*N'y a-t-il pas un moyen plus facile de faire cette divi-
sion?*

Au lieu de prendre le tiers, le quart, le cinquième, le
sixième, le septième, le huitième, le neuvième du dividende, on arrive plus facilement à trouver chaque chiffre
du quotient en opérant comme quand on fait une division
quelconque, c'est-à-dire qu'au lieu de dire, par exemple,
le tiers de 23, on dit : En 23 combien de fois 3 ? et ainsi de
suite pour tous les chiffres qui restent à diviser.

*Donnez un exemple d'application de cette seconde manière
d'abréger la division.*

Soit proposé de diviser de même 234567 successivement
par 3, 4, 5, 6, 7, 8, 9.

Tableau des mêmes opérations

moins la division par 2, qui se fait toujours en prenant la moitié du dividende.

Division par 3.		*Division par 4.*	
2 3 4 5 6 7	3		2 3 4 5 6 7	4	
7 8 1 8 9		5 8 6 4 1	
		3	
Division par 5.		*Division par 6.*	
2 3 4 5 6 7	5		2 3 4 5 6 7	6	
4 6 9 1 3		3 9 0 9 4	
2		3	

Division par 7.   *Division par 8.*

```
2 3 4 5 6 7  | 7        2 3 4 5 6 7  | 8
3 3 5 0 9               2 9 3 2 0
        4                       7
```

Division par 9.

```
2 3 4 5 6 7  | 9
2 6 0 6 3
```

Division par 3. En 23, combien de fois 3? — 7 fois, reste 2 qui valent 20, et 4, 24 ; en 24, combien de fois 3? — 8 fois exactement ; en 5, combien de fois 3?—1 fois, reste 2 qui valent 20, et 6, 26 ; en 26, combien de fois 3? — 8 fois, reste 2 qui valent 20, et 7, 27 ; en 27, combien de fois 3? — 9 fois exactement. Tous les chiffres du dividende étant divisés par 3, l'opération est terminée. Ainsi, en divisant 234567 par 3, j'ai 78189 pour quotient.

Division par 4. En 23, combien de fois 4? — 5 fois, reste 3 qui valent 30, et 4, 34 ; en 34, combien de fois 4? — 8 fois, reste 2 qui valent 20, et 5, 25 ; en 25, combien de fois 4?—6 fois, reste 1 qui vaut 10, et 6, 16 ; en 16, combien de fois 4? — 4 fois exactement ; en 7, combien de fois 4?— 1 fois, reste 3 que j'écris sous le dernier chiffre du quotient. Tous les chiffres du dividende étant divisés par 4, l'opération est terminée. Ainsi, en divisant 234567 par 4, j'ai 58641 pour quotient et 3 pour reste.

Division par 5. En 23, combien de fois 5? — 4 fois, reste 3 qui valent 30, et 4, 34 ; en 34, combien de fois 5? — 6 fois, reste 4 qui valent 40, et 5, 45 ; en 45, combien de fois 5? — 9 fois exactement ; en 6, combien de fois 5?— 1 fois, reste 1 qui vaut 10, et 7, 17; en 17, combien de fois 5? — 3 fois, reste 2 que j'écris sous le dernier chiffre du quotient. Tous les chiffres du dividende étant divisés par 5, l'opération est terminée. Ainsi, en divisant 234567 par 5, j'ai 46913 pour quotient et 2 pour reste.

Division par 6. En 23, combien de fois 6? — 3 fois, reste 5 qui valent 50, et 4, 54 ; en 54, combien de fois 6? — 9 fois exactement ; en 5, combien de fois 6? — 0 fois, reste 5 qui valent 50, et 6, 56 ; en 56, combien de fois 6? — 9 fois, reste 2 qui valent 20, et 7, 27 ; en 27, combien de fois 6? — 4 fois, reste 4 que j'écris sous le dernier chiffre du quotient. Tous les chiffres du dividende étant divisés par 6, l'opération est terminée. Ainsi, en divisant 234567 par 6, j'ai 39094 pour quotient et 3 pour reste.

Division par 7. En 23, combien de fois 7 ? — 3 fois, reste 2 qui valent 20, et 4, 24 ; en 24, combien de fois 7 ? — 3 fois, reste 3 qui valent 30, et 5, 35 ; en 35, combien de fois 7 ? — 5 fois, exactement ; en 6, combien de fois 7 ? — 0 fois, reste 6 qui valent 60, et 7, 67 ; en 67, combien de fois 7 ? — 9 fois, reste 4 que j'écris sous le dernier chiffre du quotient. Tous les chiffres du dividende étant divisés par 7, l'opération est terminée. Ainsi, en divisant 234567 par 7, j'ai 33509 pour quotient et 4 pour reste.

Division par 8. En 23, combien de fois 8 ? — 2 fois, reste 7 qui valent 70, et 4, 74 ; en 74, combien de fois 8 ? — 9 fois, reste 2 qui valent 20, et 5, 25 ; en 25, combien de fois 8 ? — 3 fois, reste 1 qui vaut 10, et 6, 16 ; en 16, combien de fois 8 ? — 2 fois exactement ; en 7, combien de fois 8 ? — 0 fois, reste 7 que j'écris sous le dernier chiffre du quotient. Tous les chiffres du dividende étant divisés par 8, l'opération est terminée. Ainsi, en divisant 234567 par 8, j'ai 29320 pour quotient et 7 pour reste.

Division par 9. En 23, combien de fois 9 ? — 2 fois, reste 5 qui valent 50, et 4, 54 ; en 54, combien de fois 9 ? — 6 fois exactement ; en 5, combien de fois 9 ? — 0 fois, reste 5 qui valent 50, et 6, 56 ; en 56, combien de fois 9 ? — 6 fois, reste 2 qui valent 20, et 7, 27 ; en 27, combien de fois 9 ? — 3 fois exactement. Tous les chiffres du dividende étant divisés par 9, l'opération est terminée. Ainsi, en divisant 234567 par 9, j'ai 26063 pour quotient.

De ces deux manières d'abréger la division, quelle est celle que l'on doit préférer?

Ces deux manières d'abréger la division sont bonnes toutes deux, et l'on doit s'exercer également sur l'une et sur l'autre ; cependant, dans la pratique, la seconde est préférable comme plus facile pour le calcul.

EXERCICES SUR L'ADDITION

1

```
1 0 1 0 1 0
2 2 2 2 2 2
1 1 1 1 1 1
2 2 2 2 2 2
1 1 1 1 1 1
2 2 2 2 2 2
1 1 1 1 1 1
2 2 2 2 2 2
1 1 1 1 1 1
2 0 2 0 2 0
─────────────
1 6 3 6 3 6 2
```
Retenue   1 1 1 1 1

2

```
1 0 1 0 1 0
3 3 3 3 3 3
1 1 1 1 1 1
3 3 3 3 3 3
1 1 1 1 1 1
3 3 3 3 3 3
1 1 1 1 1 1
3 3 3 3 3 3
1 1 1 1 1 1
3 0 3 0 3 0
─────────────
2 1 8 1 8 4 6
```
1 1 1 1 1

3

```
1 0 1 0 1 0
2 2 2 2 2 2
1 1 1 1 1 1
3 3 3 3 3 3
1 1 1 1 1 1
2 2 2 2 2 2
1 1 1 1 1 1
3 3 3 3 3 3
1 1 1 1 1 1
2 0 2 0 2 0
─────────────
1 8 5 8 5 8 4
```
1 1 1 1 1

4

```
1 2 3 0 1 2
2 2 2 2 2 2
2 2 2 2 2 2
2 2 2 2 2 2
2 2 2 2 2 2
2 2 2 2 2 2
2 2 2 2 2 2
2 2 2 2 2 2
2 2 2 2 2 2
3 0 1 2 3 2
─────────────
2 2 0 2 0 2 0
```
Retenue   2 2 2 2 2

5

```
1 2 1 0 1 2
3 3 3 3 3 3
3 3 3 3 3 3
3 3 3 3 3 3
3 3 3 3 3 3
3 3 3 3 3 3
3 3 3 3 3 3
3 3 3 3 3 3
3 3 3 3 3 3
3 0 1 3 0 2
─────────────
3 0 8 8 9 7 8
```
2 2 2 2 2

6

```
1 2 3 0 1 2
2 2 2 2 2 2
3 3 3 3 3 3
1 1 1 1 1 1
2 2 2 2 2 2
3 3 3 3 3 3
1 1 1 1 1 1
2 2 2 2 2 2
3 3 3 3 3 3
3 0 1 3 0 2
─────────────
2 3 1 3 2 0 1
```
2 2 2 2 2

7

```
1 2 3 0 1 2
3 3 3 3 3 3
2 2 2 2 2 2
1 1 1 1 1 1
3 3 3 3 3 3
2 2 2 2 2 2
1 1 1 1 1 1
3 3 3 3 3 3
2 2 2 2 2 2
3 0 1 3 0 2
─────────────
2 3 1 3 2 0 1
```
Retenue   2 2 2 2 2

8

```
1 2 3 0 1 2
3 3 3 3 3 3
1 1 1 1 1 1
2 2 2 2 2 2
3 3 3 3 3 3
1 1 1 1 1 1
2 2 2 2 2 2
3 3 3 3 3 3
1 1 1 1 1 1
3 0 1 3 0 2
─────────────
2 2 0 2 0 9 0
```
2 2 2 1 2

9

```
1 2 4 3 0 1
4 4 4 4 4 4
1 1 1 1 1 1
4 4 4 4 4 4
1 1 1 1 1 1
4 4 4 4 4 4
1 1 1 1 1 1
4 4 4 4 4 4
1 1 1 1 1 1
2 0 3 0 4 0
─────────────
2 5 4 9 5 6 1
```
2 2 2 2 2

10

```
1 2 4 3 0 1
5 5 5 5 5 5
1 1 1 1 1 1
5 5 5 5 5 5
1 1 1 1 1 1
5 5 5 5 5 5
1 1 1 1 1 1
5 5 5 5 5 5
1 1 1 1 1 1
3 0 4 0 5 0
―――――――――――――
3 0 9 5 0 1 5
Retenue   2 3 3 3 2
```

11

```
1 2 4 3 0 1
4 4 4 4 4 4
1 1 1 1 1 1
5 5 5 5 5 5
1 1 1 1 1 1
4 4 4 4 4 4
1 1 1 1 1 1
5 5 5 5 5 5
1 1 1 1 1 1
3 0 4 0 5 0
―――――――――――――
2 8 7 2 7 9 3
          2 3 2 2 2
```

12

```
1 2 4 3 0 1
4 4 4 4 4 4
4 4 4 4 4 4
4 4 4 4 4 4
4 4 4 4 4 4
4 4 4 4 4 4
4 4 4 4 4 4
4 4 4 4 4 4
4 4 4 4 4 4
3 0 1 3 0 2
―――――――――――――
3 9 8 1 1 5 5
          3 4 4 3 3
```

13

```
1 2 4 3 0 1
5 5 5 5 5 5
5 5 5 5 5 5
5 5 5 5 5 5
5 5 5 5 5 5
5 5 5 5 5 5
5 5 5 5 5 5
5 5 5 5 5 5
5 5 5 5 5 5
3 0 1 3 0 2
―――――――――――――
4 8 7 0 0 4 3
Retenue   4 5 5 4 4
```

14

```
5 4 3 2 1 0
1 1 1 1 1 1
2 2 2 2 2 2
1 1 1 1 1 1
3 3 3 3 3 3
1 1 1 1 1 1
4 4 4 4 4 4
1 1 1 1 1 1
5 5 5 5 5 5
1 0 1 0 1 0
―――――――――――――
2 6 4 4 2 1 8
          2 2 2 2 1
```

15

```
5 4 3 2 1 0
2 2 2 2 2 2
1 1 1 1 1 1
3 3 3 3 3 3
1 1 1 1 1 1
4 4 4 4 4 4
1 1 1 1 1 1
5 5 5 5 5 5
1 1 1 1 1 1
2 0 2 0 2 0
―――――――――――――
2 7 4 5 2 2 8
          2 2 2 2 1
```

16

```
5 4 3 2 1 0
1 1 1 1 1 1
3 3 3 3 3 3
1 1 1 1 1 1
4 4 4 4 4 4
1 1 1 1 1 1
5 5 5 5 5 5
1 1 1 1 1 1
2 2 2 2 2 2
1 0 1 0 1 0
―――――――――――――
2 6 4 4 2 1 8
Retenue   2 2 2 2 1
```

17

```
5 4 3 2 1 0
3 3 3 3 3 3
1 1 1 1 1 1
4 4 4 4 4 4
1 1 1 1 1 1
5 5 5 5 5 5
1 1 1 1 1 1
2 2 2 2 2 2
1 1 1 1 1 1
3 0 3 0 3 0
―――――――――――――
2 8 4 6 2 3 8
          2 2 2 2 1
```

18

```
5 4 3 2 1 0
1 1 1 1 1 1
4 4 4 4 4 4
1 1 1 1 1 1
5 5 5 5 5 5
1 1 1 1 1 1
2 2 2 2 2 2
1 1 1 1 1 1
3 3 3 3 3 3
1 0 1 0 1 0
―――――――――――――
2 6 4 4 2 1 8
          2 2 2 2 1
```

19

```
5 4 3 2 1 0
4 4 4 4 4 4
1 1 1 1 1 1
5 5 5 5 5 5
1 1 1 1 1 1
2 2 2 2 2 2
1 1 1 1 1 1
3 3 3 3 3 3
1 1 1 1 1 1
4 0 4 0 4 0
```
2 9 4 7 2 4 8

Retenue 2 2 2 2 1

20

```
1 2 3 4 5 0
2 3 4 5 0 1
3 4 5 0 1 2
4 5 0 1 2 3
5 0 1 2 3 4
1 2 3 4 5 0
2 3 4 5 0 1
3 4 5 0 1 2
4 5 0 1 2 3
5 0 1 2 3 4
```
3 3 0 8 6 4 0

3 2 2 2 2

21

```
2 3 4 5 0 1
3 4 5 0 1 2
4 5 0 1 2 3
5 0 1 2 3 4
1 2 3 4 5 0
2 3 4 5 0 1
3 4 5 0 1 2
4 5 0 1 2 3
5 0 1 2 3 4
1 2 3 4 5 0
```
3 3 0 8 6 4 0

3 2 2 2 2

22

```
3 4 5 0 1 2
4 5 0 1 2 3
5 0 1 2 3 4
1 2 3 4 5 0
2 3 4 5 0 1
3 4 5 0 1 2
4 5 0 1 2 3
5 0 1 2 3 4
1 2 3 4 5 0
2 3 4 5 0 1
```
3 3 0 8 6 4 0

Retenue 3 2 2 2 2

23

```
4 5 0 1 2 3
5 0 1 2 3 4
1 2 3 4 5 0
2 3 4 5 0 1
3 4 5 0 1 2
4 5 0 1 2 3
5 0 1 2 3 4
1 2 3 4 5 0
2 3 4 5 0 1
3 4 5 0 1 2
```
3 3 9 8 6 4 0

3 2 2 2 2

24

```
5 0 1 2 3 4
1 2 3 4 5 0
2 3 4 5 0 1
3 4 5 0 1 2
4 5 0 1 2 3
5 0 1 2 3 4
1 2 3 4 5 0
2 3 4 5 0 1
3 4 5 0 1 2
4 5 0 1 2 3
```
3 3 0 8 6 4 0

3 2 2 2 2

25

```
6 5 4 3 2 1 0
1 1 1 1 1 1 1
6 6 6 6 6 6 6
1 1 1 1 1 1 1
6 6 6 6 6 6 6
1 1 1 1 1 1 1
6 6 6 6 6 6 6
1 1 1 1 1 1 1
6 6 6 6 6 6 6
1 0 1 0 1 0 1
```
3 8 6 6 4 4 1 9

Retenue 3 3 3 3 3 2

26

```
6 5 4 3 2 1 0
2 2 2 2 2 2 2
6 6 6 6 6 6 6
1 1 1 1 1 1 1
6 6 6 6 6 6 6
2 2 2 2 2 2 2
6 6 6 6 6 6 6
1 1 1 1 1 1 1
6 6 6 6 6 6 6
2 0 2 0 2 0 2
```
4 1 8 9 6 7 4 2

3 3 3 3 3 3

27

```
6 5 4 3 2 1 0
3 3 3 3 3 3 3
6 6 6 6 6 6 6
1 1 1 1 1 1 1
6 6 6 6 6 6 6
2 2 2 2 2 2 2
6 6 6 6 6 6 6
1 1 1 1 1 1 1
6 6 6 6 6 6 6
3 0 3 0 3 0 3
```
4 4 0 4 7 9 5 4

4 4 3 3 3 3

28	**29**	**30**
6543210	6543210	4243200
4444444	5555555	6666666
6666666	6666666	6666666
1111111	1111111	6666666
6666666	6666666	6666666
2222222	2222222	6666666
6666666	6666666	6666666
3333333	3333333	6666666
6666666	4444444	6666666
4040404	5050505	6060606
48361388	48260378	63637134
Retenue 444433	444433	565655

31	**32**	**33**
1234560	2345601	3456012
2345601	3456012	4560123
3456012	4560123	5601234
4560123	5601234	6012345
5601234	6012345	1234560
6012345	1234560	2345601
1234560	2345601	3456012
2345601	3456012	4560123
3456012	4560123	5601234
4560123	5601234	6012345
34806171	39172845	42839589
Retenue 343322	433222	332222

34	**35**	**36**
4560123	5601234	6012345
5601234	6012345	1234560
6012345	1234560	2345601
1234560	2345601	3456012
2345601	3456012	4560123
3456012	4560123	5601234
4560123	5601234	6012345
5601234	6012345	1234560
6012345	1234560	2345601
1234560	2345601	3456012
40618437	38403615	36258393
Retenue 332332	333332	333322

37	38	39
76543210	76543210	76543210
11111111	22222222	33333333
77777777	77777777	77777777
11111111	11111111	11111111
77777777	77777777	77777777
11111111	22222222	22222222
77777777	77777777	77777776
11111111	11111111	11111111
77777777	77777777	77777777
10101010	20202020	30303030
442199772	474523004	495735125
Retenue 4433333	4444443	4444443

40	41	42
76543210	76543210	76543210
44444444	55555555	66666666
77777777	77777777	77777777
11111111	11111111	22222222
77777777	77777777	33333333
22222222	22222222	77777777
77777777	77777777	44444444
33333333	33333333	55555555
77777777	44444444	77777777
40404040	50505050	60606060
539169468	527048256	592704821
Retenue 4544443	4544443	5555454

43	44	45
42443210	12345670	23456701
77777777	23456701	34567012
77777777	34567012	45670123
77777777	45670123	56701234
77777777	56701234	67012345
77777777	67012345	70123456
77777777	70123456	12345670
77777777	12345670	23456701
77777777	23456701	34567012
70707070	34567012	12345670
735372496	380245924	380245924
Retenue 6767665	4444332	4444332

46	**47**	**48**
34567012	45670123	56701234
45670123	56701234	67012345
56701234	67012345	70123456
67012345	70123456	12345670
70123456	12345670	23456701
12345670	23456701	34567012
23456701	34567012	45670123
34567012	45670123	56701234
45670123	56701234	67012345
23456701	34567012	45670123
413570377	446814910	479260243

Retenue   4444322   4443233   4433333

49	**50**
6 7 0 1 2 3 4 5	7 0 1 2 3 4 5 6
7 0 1 2 3 4 5 6	1 2 3 4 5 6 7 0
1 2 3 4 5 6 7 0	2 3 4 5 6 7 0 1
2 3 4 5 6 7 0 1	3 4 5 6 7 0 1 2
3 4 5 6 7 0 1 2	4 5 6 7 0 1 2 3
4 5 6 7 0 1 2 3	5 6 7 0 1 2 3 4
5 6 7 0 1 2 3 4	6 7 0 1 2 3 4 5
6 7 0 1 2 3 4 5	7 0 1 2 3 4 5 6
7 0 1 2 3 4 5 6	1 2 3 4 5 6 7 0
5 6 7 0 1 2 3 4	6 7 0 1 2 3 4 5
5 0 3 7 1 3 5 7 6	4 5 9 3 5 8 0 1 2

Retenue   4 3 3 3 3 3 3   3 3 3 3 4 4 3

51	**52**
8 7 6 5 4 3 2 1 0	8 7 6 5 4 3 2 1 0
1 1 1 1 1 1 1 1 1	2 2 2 2 2 2 2 2 2
8 8 8 8 8 8 8 8 8	8 8 8 8 8 8 8 8 8
1 1 1 1 1 1 1 1 1	1 1 1 1 1 1 1 1 1
8 8 8 8 8 8 8 8 8	8 8 8 8 8 8 8 8 8
1 1 1 1 1 1 1 1 1	2 2 2 2 2 2 2 2 2
8 8 8 8 8 8 8 8 8	8 8 8 8 8 8 8 8 8
1 1 1 1 1 1 1 1 1	1 1 1 1 1 1 1 1 1
8 8 8 8 8 8 8 8 8	8 8 8 8 8 8 8 8 8
1 0 1 0 1 0 1 0 1	2 0 2 0 2 0 2 0 2
4 9 7 7 5 5 3 3 0 7	5 3 0 0 7 8 5 6 3 0

Retenue   4 4 4 4 4 4 4 3   5 5 4 4 4 4 4

53

```
8 7 6 5 4 3 2 1 0
3 3 3 3 3 3 3 3 3
8 8 8 8 8 8 8 8 8
1 1 1 1 1 1 1 1 1
8 8 8 8 8 8 8 8 8
2 2 2 2 2 2 2 2 2
8 8 8 8 8 8 8 8 8
1 1 1 1 1 1 1 1 1
8 8 8 8 8 8 8 8 8
3 0 3 0 3 0 3 0 3
───────────────────
5 5 1 2 9 0 6 8 4 2
```
Retenue   5 5 4 5 4 4 4 4

54

```
8 7 6 5 4 3 2 1 0
4 4 4 4 4 4 4 4 4
8 8 8 8 8 8 8 8 8
1 1 1 1 1 1 1 1 1
8 8 8 8 8 8 8 8 8
2 2 2 2 2 2 2 2 2
8 8 8 8 8 8 8 8 8
3 3 3 3 3 3 3 3 3
8 8 8 8 8 8 8 8 8
4 0 4 0 4 0 4 0 4
───────────────────
5 9 4 7 2 5 0 2 7 6
```
   5 5 5 5 5 5 4 4

55

```
8 7 6 5 4 3 2 1 0
5 5 5 5 5 5 5 5 5
8 8 8 8 8 8 8 8 8
1 1 1 1 1 1 1 1 1
8 8 8 8 8 8 8 8 8
2 2 2 2 2 2 2 2 2
8 8 8 8 8 8 8 8 8
3 3 3 3 3 3 3 3 3
4 4 4 4 4 4 4 4 4
5 0 5 0 5 0 5 0 5
───────────────────
5 7 1 4 9 2 7 0 4 4
```
Retenue   5 5 4 5 4 5 4 4

56

```
8 7 6 5 4 3 2 1 0
6 6 6 6 6 6 6 6 6
8 8 8 8 8 8 8 8 8
2 2 2 2 2 2 2 2 2
3 3 3 3 3 3 3 3 3
8 8 8 8 8 8 8 8 8
4 4 4 4 4 4 4 4 4
5 5 5 5 5 5 5 5 5
8 8 8 8 8 8 8 8 8
6 0 6 0 6 0 6 0 6
───────────────────
6 3 7 1 4 9 2 7 0 0
```
   5 6 5 5 5 5 5 5

57

```
8 7 6 5 4 3 2 1 0
7 7 7 7 7 7 7 7 7
8 8 8 8 8 8 8 8 8
2 2 2 2 2 2 2 2 2
3 3 3 3 3 3 3 3 3
8 8 8 8 8 8 8 8 8
4 4 4 4 4 4 4 4 4
5 5 5 5 5 5 5 5 5
6 6 6 6 6 6 6 6 6
7 0 7 0 7 0 7 0 7
───────────────────
6 3 6 1 3 9 4 6 9 0
```
Retenue   5 6 5 5 5 5 4 5

58

```
8 7 6 5 4 3 2 0 0
8 8 8 8 8 8 8 8 8
8 8 8 8 8 8 8 8 8
8 8 8 8 8 8 8 8 8
8 8 8 8 8 8 8 8 8
8 8 8 8 8 8 8 8 8
8 8 8 8 8 8 8 8 8
8 8 8 8 8 8 8 8 8
8 0 8 0 8 0 8 0 8
───────────────────
8 7 9 5 7 3 5 4 1 2
```
   7 8 7 8 7 8 7 7

59

```
1 2 3 4 5 6 7 8 0
2 3 4 5 6 7 8 0 1
3 4 5 6 7 8 0 1 2
4 5 6 7 8 0 1 2 3
5 6 7 8 0 1 2 3 4
6 7 8 0 1 2 3 4 5
7 8 0 1 2 3 4 5 6
8 0 1 2 3 4 5 6 7
1 2 3 4 5 6 7 8 0
2 3 4 5 6 7 8 0 1
—————————————————
4 3 4 5 6 7 8 8 9 9
```
Retenue 4 4 4 4 4 4 3 2

60

```
2 3 4 5 6 7 8 0 1
3 4 5 6 7 8 0 1 2
4 5 6 7 8 0 1 2 3
5 6 7 8 0 1 2 3 4
6 7 8 0 1 2 3 4 5
7 8 0 1 2 3 4 5 6
8 0 1 2 3 4 5 6 7
1 2 3 4 5 6 7 8 0
2 3 4 5 6 7 8 0 1
3 4 5 6 7 8 0 1 2
—————————————————
4 5 6 7 9 0 0 1 3 1
```
4 4 4 5 5 4 3 3

61

```
3 4 5 6 7 8 0 1 2
4 5 6 7 8 0 1 2 3
5 6 7 8 0 1 2 3 4
6 7 8 0 1 2 3 4 5
7 8 0 1 2 3 4 5 6
8 0 1 2 3 4 5 6 7
1 2 3 4 5 6 7 8 0
2 3 4 5 6 7 8 0 1
3 4 5 6 7 8 0 1 2
4 5 6 7 8 0 1 2 3
—————————————————
4 7 9 0 1 1 2 4 5 3
```
Retenue 4 5 5 5 4 3 3 3

62

```
4 5 6 7 8 0 1 2 3
5 6 7 8 0 1 2 3 4
6 7 8 0 1 2 3 4 5
7 8 0 1 2 3 4 5 6
8 0 1 2 3 4 5 6 7
1 2 3 4 5 6 7 8 0
2 3 4 5 6 7 8 0 1
3 4 5 6 7 8 0 1 2
4 5 6 7 8 0 1 2 3
5 6 7 8 0 1 2 3 4
—————————————————
5 0 1 2 2 3 5 6 7 5
```
5 5 5 4 3 3 3 3

63

```
5 6 7 8 0 1 2 3 4
6 7 8 0 1 2 3 4 5
7 8 0 1 2 3 4 5 6
8 0 1 2 3 4 5 6 7
1 2 3 4 5 6 7 8 0
2 3 4 5 6 7 8 0 1
3 4 5 6 7 8 0 1 2
4 5 6 7 8 0 1 2 3
5 6 7 8 0 1 2 3 4
6 7 8 0 1 2 3 4 5
—————————————————
5 2 3 3 4 6 7 8 9 7
```
Retenue 5 5 4 3 3 3 3 3

64

```
6 7 8 0 1 2 3 4 5
7 8 0 1 2 3 4 5 6
8 0 1 2 3 4 5 6 7
1 2 3 4 5 6 7 8 0
2 3 4 5 6 7 8 0 1
3 4 5 6 7 8 0 1 2
4 5 6 7 8 0 1 2 3
5 6 7 8 0 1 2 3 4
6 7 8 0 1 2 3 4 5
7 8 0 1 2 3 4 5 6
—————————————————
5 4 4 5 7 9 0 1 1 9
```
5 4 3 3 4 4 4 3

65

```
7 8 0 1 2 3 4 5 6
8 0 1 2 3 4 5 6 7
1 2 3 4 5 6 7 8 0
2 3 4 5 6 7 8 0 1
3 4 5 6 7 8 0 1 2
4 5 6 7 8 0 1 2 3
5 6 7 8 0 1 2 3 4
6 7 8 0 1 2 3 4 5
7 8 0 1 2 3 4 5 6
8 0 1 2 3 4 5 6 7
―――――――――――――――――
5 5 6 9 0 1 2 3 4 1
```
Retenue 4 3 4 4 4 4 4

66

```
8 0 1 2 3 4 5 6 7
1 2 3 4 5 6 7 8 0
2 3 4 5 6 7 8 0 1
3 4 5 6 7 8 0 1 2
4 5 6 7 8 0 1 2 3
5 6 7 8 0 1 2 3 4
6 7 8 0 1 2 3 4 5
7 8 0 1 2 3 4 5 6
8 0 1 2 3 4 5 6 7
1 2 3 4 5 6 7 8 0
―――――――――――――――――
4 9 1 2 3 4 5 6 6 5
```
4 4 4 4 4 4 4 3

67

```
9 8 7 6 5 4 3 2 1 0
1 1 1 1 1 1 1 1 1 1
9 9 9 9 9 9 9 9 9 9
1 1 1 1 1 1 1 1 1 1
9 9 9 9 9 9 9 9 9 9
1 1 1 1 1 1 1 1 1 1
9 9 9 9 9 9 9 9 9 9
1 1 1 1 1 1 1 1 1 1
9 9 9 9 9 9 9 9 9 9
1 0 1 0 1 0 1 0 1 0
―――――――――――――――――――
5 5 3 3 1 0 8 8 6 6 0
```
Retenue 5 5 5 5 4 4 4 4 4

68

```
9 8 7 6 5 4 3 2 1 0
2 2 2 2 2 2 2 2 2 2
9 9 9 9 9 9 9 9 9 9
1 1 1 1 1 1 1 1 1 1
9 9 9 9 9 9 9 9 9 9
2 2 2 2 2 2 2 2 2 2
9 9 9 9 9 9 9 9 9 9
1 1 1 1 1 1 1 1 1 1
9 9 9 9 9 9 9 9 9 9
2 0 2 0 2 0 2 0 2 0
―――――――――――――――――――
5 8 5 6 3 4 1 1 8 9 2
```
5 5 5 5 5 5 4 4 4

69

```
9 8 7 6 5 4 3 2 1 0
3 3 3 3 3 3 3 3 3 3
9 9 9 9 9 9 9 9 9 9
1 1 1 1 1 1 1 1 1 1
9 9 9 9 9 9 9 9 9 9
2 2 2 2 2 2 2 2 2 2
9 9 9 9 9 9 9 9 9 9
1 1 1 1 1 1 1 1 1 1
9 9 9 9 9 9 9 9 9 9
3 0 3 0 3 0 3 0 3 0
―――――――――――――――――――
6 0 6 8 4 6 2 4 0 1 3
```
Retenue 5 5 5 5 5 5 5 5 4

70

```
9 8 7 6 5 4 3 2 1 0
4 4 4 4 4 4 4 4 4 4
9 9 9 9 9 9 9 9 9 9
1 1 1 1 1 1 1 1 1 1
9 9 9 9 9 9 9 9 9 9
2 2 2 2 2 2 2 2 2 2
9 9 9 9 9 9 9 9 9 9
3 3 3 3 3 3 3 3 3 3
9 9 9 9 9 9 9 9 9 9
4 0 4 0 4 0 4 0 4 0
―――――――――――――――――――
6 5 0 2 8 0 5 8 3 5 6
```
6 6 5 6 5 5 5 5 4

71

```
9 8 7 6 5 4 3 2 1 0
5 5 5 5 5 5 5 5 5 5
9 9 9 9 9 9 9 9 9 9
1 1 1 1 1 1 1 1 1 1
9 9 9 9 9 9 9 9 9 9
2 2 2 2 2 2 2 2 2 2
9 9 9 9 9 9 9 9 9 9
3 3 3 3 3 3 3 3 3 3
4 4 4 4 4 4 4 4 4 4
5 0 5 0 5 0 5 0 5 0
```
6 1 5 9 3 7 1 4 9 2 2
Retenue   5 5 5 5 5 5 4 5 4

72

```
9 8 7 6 5 4 3 2 1 0
6 6 6 6 6 6 6 6 6 6
9 9 9 9 9 9 9 9 9 9
2 2 2 2 2 2 2 2 2 2
3 3 3 3 3 3 3 3 3 3
9 9 9 9 9 9 9 9 9 9
4 4 4 4 4 4 4 4 4 4
5 5 5 5 5 5 5 5 5 5
9 9 9 9 9 9 9 9 9 9
6 0 6 0 6 0 6 0 6 0
```
6 9 1 5 9 3 7 1 4 8 7
   6 6 5 6 5 6 5 5 4

73

```
9 8 7 6 5 4 3 2 1 0
7 7 7 7 7 7 7 7 7 7
9 9 9 9 9 9 9 9 9 9
2 2 2 2 2 2 2 2 2 2
3 3 3 3 3 3 3 3 3 3
9 9 9 9 9 9 9 9 9 9
4 4 4 4 4 4 4 4 4 4
5 5 5 5 5 5 5 5 5 5
6 6 6 6 6 6 6 6 6 6
7 0 7 0 7 0 7 0 7 0
```
6 6 9 4 7 2 5 0 2 7 5
Retenue   5 6 5 6 5 6 5 5 4

74

```
9 8 7 6 5 4 3 2 1 0
8 8 8 8 8 8 8 8 8 8
9 9 9 9 9 9 9 9 9 9
2 2 2 2 2 2 2 2 2 2
3 3 3 3 3 3 3 3 3 3
4 4 4 4 4 4 4 4 4 4
5 5 5 5 5 5 5 5 5 5
6 6 6 6 6 6 6 6 6 6
7 7 7 7 7 7 7 7 7 7
8 0 8 0 8 0 8 0 8 0
```
6 6 8 4 6 2 4 0 1 7 4
   5 6 5 6 5 6 5 5 4

75

```
9 8 7 6 5 4 3 2 1 0
9 9 9 9 9 9 9 9 9 9
9 9 9 9 9 9 9 9 9 9
9 9 9 9 9 9 9 9 9 9
9 9 9 9 9 9 9 9 9 9
9 9 9 9 9 9 9 9 9 9
9 9 9 9 9 9 9 9 9 9
9 9 9 9 9 9 9 9 9 9
9 9 9 9 9 9 9 9 9 9
9 0 9 0 9 0 9 0 9 0
```
9 8 9 6 7 4 5 2 2 9 2
Retenue   8 9 8 9 8 9 8 8 7

76

```
1 2 3 4 5 6 7 8 9 0
2 3 4 5 6 7 8 9 0 1
3 4 5 6 7 8 9 0 1 2
4 5 6 7 8 9 0 1 2 3
5 6 7 8 9 0 1 2 3 4
6 7 8 9 0 1 2 3 4 5
7 8 9 0 1 2 3 4 5 6
8 9 0 1 2 3 4 5 6 7
9 0 1 2 3 4 5 6 7 8
2 3 4 5 6 7 8 9 0 1
```
5 2 2 2 2 2 2 2 1 0 7
   5 5 5 5 5 5 5 4 3

77

```
2 3 4 5 6 7 8 9 0 1
3 4 5 6 7 8 9 0 1 2
4 5 6 7 8 9 0 1 2 3
5 6 7 8 9 0 1 2 3 4
6 7 8 9 0 1 2 3 4 5
7 8 9 0 1 2 3 4 5 6
8 9 0 1 2 3 4 5 6 7
9 0 1 2 3 4 5 6 7 8
3 4 5 6 7 8 9 0 1 2
4 5 6 7 6 9 0 1 2 3
———————————————————
5 6 6 6 6 4 5 4 4 5 1
```
Retenue   5 5 5 5 5 4 3 3 4

78

```
3 4 5 6 7 8 9 0 1 2
4 5 6 7 8 9 0 1 2 3
5 6 7 8 9 0 1 2 3 4
6 7 8 9 0 1 2 3 4 5
7 8 9 0 1 2 3 4 5 6
8 9 0 1 2 3 4 5 6 7
9 0 1 2 3 4 5 6 7 8
5 6 7 8 9 0 1 2 3 4
6 7 8 9 0 1 2 3 4 5
7 8 9 0 1 2 3 4 5 6
———————————————————
6 6 6 5 4 3 3 3 4 5 0
```
6 6 5 4 3 3 3 4 5

79

```
4 5 6 7 8 9 0 1 2 3
5 6 7 8 9 0 1 2 3 4
6 7 8 9 0 1 2 3 4 5
7 8 9 0 1 2 3 4 5 6
8 9 0 1 2 3 4 5 6 7
9 0 1 2 3 4 5 6 7 8
6 7 8 9 0 1 2 3 4 5
7 8 9 0 1 2 3 4 5 6
8 9 0 1 2 3 4 5 6 7
9 0 1 2 3 4 5 6 7 8
———————————————————
7 5 4 3 2 2 2 3 4 4 9
```
Retenue   6 5 4 3 3 3 4 5 5

80

```
5 6 7 8 9 0 1 2 3 4
6 7 8 9 0 1 2 3 4 5
7 8 9 0 1 2 3 4 5 6
8 9 0 1 2 3 4 5 6 7
9 0 1 2 3 4 5 6 7 8
7 8 9 0 1 2 3 4 5 6
8 9 0 1 2 3 4 5 6 7
9 0 1 2 3 4 5 6 7 8
2 3 4 5 6 7 8 9 0 1
3 4 5 6 7 8 9 0 1 2
———————————————————
6 9 8 7 7 7 8 8 8 9 4
```
5 4 3 3 3 4 4 4 5

81

```
6 7 8 9 0 1 2 3 4 5
7 8 9 0 1 2 3 4 5 6
8 9 0 1 2 3 4 5 6 7
9 0 1 2 3 4 5 6 7 8
4 5 6 7 8 9 0 1 2 3
5 6 7 8 9 0 1 2 3 4
6 7 8 9 0 1 2 3 4 5
7 8 9 0 1 2 3 4 5 6
8 9 0 1 2 3 4 5 6 7
9 0 1 2 3 4 5 6 7 8
———————————————————
7 5 4 3 2 2 2 3 4 4 9
```
Retenue   6 5 4 3 3 3 4 5 5

82

```
7 8 9 0 1 2 3 4 5 6
8 9 0 1 2 3 4 5 6 7
9 0 1 2 3 4 5 6 7 8
5 6 7 8 9 0 1 2 3 4
6 7 8 9 0 1 2 3 4 5
7 8 9 0 1 2 3 4 5 6
8 9 0 1 2 3 4 5 6 7
9 0 1 2 3 4 5 6 7 8
2 3 4 5 6 7 8 9 0 1
3 4 5 6 7 8 9 0 1 2
———————————————————
6 9 8 7 7 7 8 8 8 9 3
```
5 4 3 3 3 4 4 4 5

83

```
8 9 0 1 2 3 4 5 6 7
9 0 1 2 3 4 5 6 7 8
6 7 8 9 0 1 2 3 4 5
7 8 9 0 1 2 3 4 5 6
8 9 0 1 2 3 4 5 6 7
9 0 1 2 3 4 5 6 7 8
3 4 5 6 7 8 9 0 1 2
4 5 6 7 8 9 0 1 2 3
5 6 7 8 9 0 1 2 3 4
6 7 8 9 0 1 2 3 4 5
```
7 0 9 9 8 8 8 9 0 0 5

Retenue   5 4 4 3 3 3 4 5 5

84

```
9 0 1 2 3 4 5 6 7 8
7 8 9 0 1 2 3 4 5 6
8 9 0 1 2 3 4 5 6 7
9 0 1 2 3 4 5 6 7 8
4 5 6 7 8 9 0 1 2 3
5 6 7 8 9 0 1 2 3 4
6 7 8 9 0 1 2 3 4 5
7 8 9 0 1 2 3 4 5 6
8 9 0 1 2 3 4 5 6 7
9 0 1 2 3 4 5 6 7 8
```
7 7 6 5 5 5 5 6 7 8 2

5 4 3 3 3 3 4 5 6

EXERCICES SUR LA SOUSTRACTION.

1
```
9 9 9 9 9 9 9 9 9
9 8 7 6 5 4 3 2 1
```
0 1 2 3 4 5 6 7 8

2
```
9 9 9 9 9 9 9 9 9
9 7 5 3 1 8 6 2 4
```
0 2 4 6 8 1 3 7 5

3
```
9 9 9 9 9 9 9 9 9
9 6 4 2 8 7 5 3 1
```
0 3 5 7 1 2 4 6 8

4
```
8 8 8 8 8 8 8 0
7 6 5 4 3 2 1 0 0
```
1 2 3 4 5 6 7 8 0

5
```
8 8 8 8 8 8 8 0
7 5 3 1 0 6 4 2 0
```
1 3 5 7 8 2 4 6 0

6
```
8 8 8 8 8 8 8 0
7 4 2 0 6 5 3 1 0
```
1 4 6 8 2 3 5 7 0

7
```
9 8 7 7 7 7 7 7
2 3 7 6 5 4 3 2 1
```
7 5 0 1 2 3 4 5 6

8
```
9 8 7 7 7 7 7 7
4 5 7 5 3 1 6 4 2
```
5 3 0 2 4 6 1 3 5

9
```
9 8 7 7 7 7 7 7
6 7 7 3 6 2 5 1 4
```
3 1 0 4 1 5 2 6 3

10
```
9 8 7 6 6 6 6 6
6 5 4 6 5 4 3 2 1
```
3 3 3 0 1 2 3 4 5

11

9 8 7 6 6 6 6 6 6
7 8 5 6 4 2 1 5 3

2 0 2 0 2 4 5 1 3

12

9 8 7 6 6 6 6 6 6
8 2 3 6 2 3 1 5 4

1 6 4 0 4 3 5 1 2

13

9 8 7 6 5 4 3 2 1
5 7 8 4 6 5 1 3 2

4 0 9 1 8 9 1 8 9

14

8 7 6 5 4 3 2 1 0
1 8 5 7 2 6 5 4 3

6 9 0 8 1 6 6 6 7

15

9 0 8 7 6 5 4 3 2
3 6 1 8 4 7 5 2 3

5 4 6 9 1 7 9 0 9

16

8 7 0 6 5 4 3 2 1
  8 2 3 7 6 5 1 4

7 8 8 2 7 7 8 0 7

17

6 1 0 8 9 5 4 3 2
2 4 1 9 2 6 3 7 5

3 6 8 9 6 9 0 5 7

18

1 5 6 7 8 9 4 3 2
  8 5 7 9 5 6 4 0

  7 0 9 9 3 7 9 2

19

3 4 0 0 5 7 0 8 9
1 2 3 6 4 7 1 9 6

2 1 6 4 0 9 8 9 3

20

7 3 6 5 0 4 9 2 8
5 8 7 3 0 7 3 4 9

1 4 9 1 9 7 5 7 9

21

6 0 8 5 0 3 7 2 1
4 1 6 4 2 8 3 5 6

1 9 2 0 7 5 3 6 5

22

5 9 4 0 7 3 1 6 8
3 7 9 3 6 4 0 7 5

2 1 4 7 0 9 0 9 3

23

9 3 0 7 4 0 5 8 6
8 7 6 4 3 2 5 9 3

  5 4 3 0 7 9 9 3

24

4 9 3 0 0 5 6 1 7
  6 4 5 3 7 1 2 8

4 2 8 4 6 8 4 8 9

25

8 5 0 3 0 0 7 4 2
5 7 2 4 0 5 1 6 3

2 7 7 8 9 5 5 7 9

26

3 9 2 5 1 7 6 8 0
  8 6 3 2 4 7 5 1

3 0 6 1 9 2 9 2 9

27

```
9 1 0 5 8 3 6 4 2
5 0 2 8 5 4 7 3 6
-----------------
4 0 7 7 2 8 9 0 6
```

28

```
2 5 3 9 7 4 6 0 8
  8 1 5 9 6 3 7 4
-----------------
1 7 2 3 7 8 2 3 4
```

29

```
6 3 0 0 5 9 4 7 1
4 2 5 1 6 4 7 5 3
-----------------
2 0 4 8 9 4 7 1 8
```

30

```
1 8 5 2 3 4 7 6 3
    2 6 3 7 8 5 4
-----------------
1 8 2 5 9 6 9 0 9
```

EXERCICES SUR LA MULTIPLICATION.

1

```
8 6 4 2 0 9 7 5 3 1
                  1
-------------------
8 6 4 2 0 9 7 5 3 1
```

2

```
8 6 4 2 0 9 7 5 3 1
                  2
-------------------
1 7 2 8 4 1 9 5 0 6 2
```

3

```
8 6 4 2 0 9 7 5 3 1
                  3
-------------------
2 5 9 2 6 2 9 2 5 9 3
```

4

```
8 6 4 2 0 9 7 5 3 1
                  4
-------------------
3 4 5 6 8 3 9 0 1 2 4
```

5

```
8 6 4 2 0 9 7 5 3 1
                  5
-------------------
4 3 2 1 0 4 8 7 6 5 5
```

6

```
8 4 0 6 2 9 5 1 7 3
                3 2
-------------------
  1 6 8 1 2 5 9 0 3 4 6
2 5 2 1 8 8 8 5 5 1 9
-----------------------
2 6 9 0 0 1 4 4 5 5 3 6
```

7

```
8 4 0 6 2 9 5 1 7 3
                5 4
-------------------
  3 3 6 2 5 1 8 0 6 9 2
4 2 0 3 1 4 7 5 8 6 5
-----------------------
4 5 3 9 3 9 9 3 9 3 4 2
```

8

```
8 4 0 6 2 9 5 1 7 3
              3 4 2
-------------------
  1 6 8 1 2 5 9 0 3 4 6
3 3 6 2 5 1 8 0 6 9 2
2 5 2 1 8 8 8 5 5 1 9
-------------------------
2 8 7 4 9 5 2 9 4 9 1 6 6
```

9

```
8 4 0 6 2 9 5 1 7 3
              5 3 4
———————————————————
  3 3 6 2 5 1 8 0 6 9 2
  2 5 2 1 8 8 8 5 5 1 9
4 2 0 3 1 4 7 5 8 6 5
———————————————————
4 4 8 8 9 6 1 6 2 2 3 8 2
```

10

```
8 0 2 5 7 4 6 9 1 3
              3 4 2
———————————————————
  1 6 0 5 1 4 9 3 8 2 6
  3 2 1 0 2 9 8 7 6 5 2
2 4 0 7 7 2 4 0 7 3 9
———————————————————
2 7 4 4 8 0 5 4 4 4 2 4 6
```

11

```
8 2 7 6 1 0 5 4 9 3
              5 3 4
———————————————————
  3 3 1 0 4 4 2 1 9 7 2
  2 4 8 2 8 3 1 6 4 7 9
4 1 3 8 0 5 2 7 4 6 5
———————————————————
4 4 1 9 4 4 0 3 3 3 2 6 2
```

12

```
4 6 9 1 3 8 0 2 5 7
              3 4 2
———————————————————
  9 3 8 2 7 6 0 5 1 4
1 8 7 6 5 5 2 1 0 2 8
1 4 0 7 4 1 4 0 7 7 1
———————————————————
1 6 0 4 4 5 2 0 4 7 8 9 4
```

13

```
6 1 8 2 7 4 9 3 0 5
              5 3 4
———————————————————
  2 4 7 3 0 9 9 7 2 2 0
1 8 5 4 8 2 4 7 9 1 5
3 0 9 1 3 7 4 6 5 2 5
———————————————————
3 3 0 1 5 8 8 1 2 8 8 7 0
```

14

```
      4 9 3 0 5 6 1 8 2 7
                    3 4 2
  ─────────────────────────
        9 8 6 1 1 2 3 6 5 4
      1 9 7 2 2 2 4 7 3 0 8
    1 4 7 9 4 6 8 5 4 8 1
  ─────────────────────────
    1 6 8 6 2 5 2 1 4 4 8 3 4
```

15

```
      9 0 6 8 7 4 3 5 1 2
                    5 3 4
  ─────────────────────────
        3 6 2 7 4 9 7 4 0 4 8
      2 7 2 0 6 2 3 0 5 3 6
    4 5 3 4 3 7 1 7 5 6 0
  ─────────────────────────
    4 8 4 2 7 0 9 0 3 5 4 0 8
```

16

```
  8 6 4 2 0 9 7 5 3 1
                    6
  ───────────────────
  5 1 8 5 2 5 8 5 1 8 6
```

17

```
  8 6 4 2 0 9 7 5 3 1
                    7
  ───────────────────
  6 0 4 9 4 6 8 2 7 1 7
```

18

```
  8 6 4 2 0 9 7 5 3 1
                    8
  ───────────────────
  6 9 1 3 6 7 8 0 2 4 8
```

19

```
  8 6 4 2 0 9 7 5 3 1
                    9
  ───────────────────
  7 7 7 7 8 8 7 7 7 7 9
```

20

```
  8 4 0 6 2 9 5 1 7 3
                  7 6
  ───────────────────
  5 0 4 3 7 7 7 1 0 3 8
  5 8 8 4 4 0 6 6 2 1 1
  ───────────────────
  6 3 8 8 7 8 4 3 3 1 4 8
```

21

```
  8 4 0 6 2 9 5 1 7 3
                  9 8
  ───────────────────
    6 7 2 5 0 3 6 1 3 8 4
  7 5 6 5 6 6 5 6 5 5 7
  ───────────────────
  ·8 2 3 8 1 6 9 2 6 9 5 4
```

22

```
      8 4 0 6 2 9 5 1 7 3
                    7 8 6
  ─────────────────────────
        5 0 4 3 7 7 7 1 0 3 8
      6 7 2 5 0 3 6 1 3 8 4
    5 8 8 4 4 0 6 6 2 1 1
  ─────────────────────────
    6 6 0 7 3 4 8 0 0 5 9 7 8
```

23

```
    8 4 0 6 2 9 5 1 7 3
              9 7 8
  ———————————————————————
    6 7 2 5 0 3 6 1 3 8 4
    5 8 8 4 4 0 6 6 2 1 1
  7 5 6 5 6 6 5 6 5 5 7
  ———————————————————————
  8 2 2 1 3 5 6 6 7 9 1 9 4
```

24

```
    8 0 2 5 7 4 6 9 1 3
              7 8 6
  ———————————————————————
    4 8 1 5 4 4 8 1 4 7 8
    6 4 2 0 5 9 7 5 3 0 4
  5 6 1 8 0 2 2 8 3 9 1
  ———————————————————————
  6 3 0 8 2 3 7 0 7 3 6 1 8
```

25

```
    8 2 7 6 1 0 5 4 9 3
              9 7 8
  ———————————————————————
    6 6 2 0 8 8 4 3 9 4 4
    5 7 9 3 2 7 3 8 4 5 1
  7 4 4 8 4 9 4 9 4 3 7
  ———————————————————————
  8 0 9 4 0 3 1 1 7 2 1 5 4
```

26

```
    4 6 9 1 3 8 0 2 5 7
              7 8 6
  ———————————————————————
    2 8 1 4 8 2 8 1 5 4 2
    3 7 5 3 1 0 4 2 0 5 6
  3 2 8 3 9 6 6 1 7 9 9
  ———————————————————————
  3 6 8 7 4 2 4 8 8 2 0 0 2
```

27

```
    6 1 8 2 7 4 9 3 0 5
              9 7 8
  ———————————————————————
    4 9 4 6 1 9 9 4 4 4 0
    4 3 2 7 9 2 4 5 1 3 5
  5 5 6 4 4 7 4 3 7 4 5
  ———————————————————————
  6 0 4 6 7 2 8 8 2 0 2 9 0
```

28

```
4 9 3 0 5 6 1 8 2 7
              7 8 6
─────────────────────
  2 9 5 8 3 3 7 0 9 6 2
  3 9 4 4 4 4 9 4 6 1 6
3 4 5 1 3 9 3 2 7 8 9
─────────────────────
3 8 7 5 4 2 1 5 9 6 0 2 2
```

29

```
9 0 6 8 7 4 3 5 1 2
              9 7 8
─────────────────────
  7 2 5 4 9 9 4 8 0 9 6
  6 3 4 8 1 2 0 4 5 8 4
8 1 6 1 8 6 9 1 6 0 8
─────────────────────
8 8 6 9 2 3 1 1 5 4 7 3 6
```

30

```
      5 4 6 8
      7 8 9 6
───────────────
    3 2 8 0 8
  4 9 2 1 2
4 3 7 4 4
3 8 2 7 6
───────────────
4 3 1 7 5 3 2 8
```

31

```
      8 9 4 6
      7 6 5 3
───────────────
    2 6 8 3 8
  4 4 7 3 0
5 3 6 7 6
6 2 6 2 2
───────────────
6 8 4 6 3 7 3 8
```

32

```
      8 7 6 5
      4 3 7 6
───────────────
    5 2 5 9 0
  6 1 3 5 5
2 6 2 9 5
3 5 0 6 0
───────────────
3 8 3 5 5 6 4 0
```

33

```
      4 6 7 9
        5 3 7
───────────────
    3 2 7 5 3
  4 4 0 3 7
2 3 3 9 5
───────────────
2 5 1 2 6 2 3
```

34

```
      4 6 7 8
        7 6 4
───────────────
    1 8 7 1 2
  2 8 0 6 8
3 2 7 4 6
───────────────
3 5 7 3 9 9 2
```

35

```
      5 9 7 3
        8 5 9
───────────────
    5 3 7 5 7
  2 9 8 6 5
4 7 7 8 4
───────────────
5 1 3 0 8 0 7
```

36

```
      6 7 5 4
      8 7 9 5
  ─────────────
      3 3 7 7 0
    6 0 7 8 6
  4 7 2 7 8
5 4 0 3 2
  ─────────────────
5 9 4 0 1 4 3 0
```

37

```
      5 7 6 9
      3 6 7 5
  ─────────────
    2 8 8 4 5
  4 0 3 8 3
3 4 6 1 4
1 7 3 0 7
  ─────────────────
2 1 2 0 1 0 7 5
```

38

```
      5 6 7 8
      9 6 5 4
  ─────────────
    2 2 7 1 2
  2 8 3 9 0
3 4 0 6 8
5 1 1 0 2
  ─────────────────
5 4 8 1 5 4 1 2
```

39

```
      7 4 3 8
        7 5 9
  ─────────────
    6 6 9 4 2
  3 7 1 9 0
5 2 0 6 6
  ───────────────
5 6 4 5 4 4 2
```

40

```
      4 8 7 6
        7 8 4
  ─────────────
    1 9 5 0 4
  3 9 0 0 8
3 4 1 3 2
  ───────────────
3 8 2 2 7 8 4
```

41

```
      9 5 3 7
        4 2 9
  ─────────────
    8 5 8 3 3
  1 9 0 7 4
3 8 1 4 8
  ───────────────
4 0 9 1 3 7 3
```

42

```
      3 4 7 8
        6 9 7
  ─────────────
    2 4 3 4 6
  3 1 3 0 2
2 0 8 6 8
  ───────────────
2 4 2 4 1 6 6
```

43

```
      8 6 5 4
        9 6 7
  ─────────────
    6 0 5 7 8
  5 1 9 2 4
7 7 8 8 6
  ───────────────
8 3 6 8 4 1 8
```

44

```
      9 5 4 6
        8 6 5
  ─────────────
    4 7 7 3 0
  5 7 2 7 6
7 6 3 6 8
  ───────────────
8 2 5 7 2 9 0
```

45

```
      3 8 4 6
      5 7 9 6
  ─────────────
    2 3 0 7 6
  3 4 6 1 4
2 6 9 2 2
1 9 2 3 0
  ─────────────────
2 2 2 9 1 4 1 6
```

46

```
          5 8 7 8
          6 5 4 9
    ─────────────
        5 2 9 0 2
      2 3 5 1 2
    2 9 3 9 0
  3 5 2 6 8
    ─────────────
  3 8 4 9 5 0 2 2
```

47

```
          7 8 5 3
          9 7 6 5
    ─────────────
        3 9 2 6 5
      4 7 1 1 8
    5 4 9 7 1
  7 0 6 7 7
    ─────────────
  7 6 6 8 4 5 4 5
```

48

```
          3 4 5 6
            8 9 3
    ─────────────
        1 0 3 6 8
      3 4 1 0 4
    2 7 6 4 8
    ─────────────
    3 0 8 6 2 0 8
```

49

```
          8 7 5 4
            4 8 7
    ─────────────
        6 1 2 7 8
      7 0 0 3 2
    3 5 0 1 6
    ─────────────
    4 2 6 3 1 9 8
```

50

```
          7 6 5 4
            7 6 5
    ─────────────
        3 8 2 7 0
      4 5 9 2 4
    5 3 5 7 8
    ─────────────
    5 8 5 5 3 1 0
```

51

```
          9 7 6 8
            3 2 9
    ─────────────
        8 7 9 1 2
      1 9 5 3 6
    2 9 3 0 4
    ─────────────
    3 2 1 3 6 7 2
```

52

```
          3 5 6 7
            5 7 8
    ─────────────
        2 8 5 3 6
      2 4 9 6 9
    1 7 8 3 5
    ─────────────
    2 0 6 1 7 2 6
```

53

```
          9 8 7 4
            9 7 5
    ─────────────
        4 9 3 7 0
      6 9 1 1 8
    8 8 8 6 6
    ─────────────
    9 6 2 7 1 5 0
```

EXERCICES SUR LA DIVISION.

1

```
8 4 0 2 9 4 ( 3 4 2
6 8 4     ⟋ 2 4 5 7
─────
1 5 6 2
1 3 6 8
─────
  1 9 4 9
  1 7 1 0
  ─────
    2 3 9 4
    2 3 9 4
    ─────
      0 0 0
```

2

```
8 4 0 5 1 6 ( 5 3 4
5 3 4     ⟋ 1 5 7 4
─────
3 0 6 5
2 6 7 0
─────
  3 9 5 1
  3 7 3 8
  ─────
    2 1 3 6
    2 1 3 6
    ─────
      0 0 0
```

3

```
8 0 2 3 3 2 ( 3 4 2
6 8 4     ⟋ 2 3 4 6
─────
1 1 8 3
1 0 2 6
─────
  1 5 7 3
  1 3 6 8
  ─────
    2 0 5 2
    2 0 5 2
    ─────
      0 0 0
```

4

```
8 0 2 0 6 8 ( 5 3 4
5 3 4     ⟋ 1 5 0 2
─────
2 6 8 0
2 6 7 0
─────
  1 0 6 8
  1 0 6 8
  ─────
    0 0 0
```

5

```
3 3 9 5 5 2 ( 7 8 6
3 1 4 4     ⟋ 4 3 2
─────
2 5 1 5
2 3 5 8
─────
  1 5 7 2
  1 5 7 2
  ─────
    0 0 0
```

6

```
5 2 2 2 5 2 ( 9 7 8
4 8 9 0     ⟋ 5 3 4
─────
3 3 2 5
2 9 3 4
─────
  3 9 1 2
  3 9 1 2
  ─────
    0 0 0
```

Mêmes exercices

en faisant en même temps les multiplications et les soustractions correspondantes.

7

```
8 4 0 2 6 4 ( 3 4 2
1 5 6 2     ⟋ 2 4 5 7
  1 9 4 9
    2 3 9 4
      0 0 0
```

8

```
8 4 0 5 1 6 ( 5 3 4
3 0 6 5     ⟋ 1 5 7 4
  3 9 5 1
    2 1 3 6
      0 0 0
```

9

```
8 0 2 3 3 2 ( 3 4 2
1 1 8 3     ) ‾2‾3‾4‾6‾
  1 5 7 3
    2 0 5 2
      0 0 0
```

10

```
8 0 2 0 6 8 ) 5 3 4
  2 6 8 0   ) ‾1‾5‾0‾2‾
    1 0 6 8
      0 0 0
```

11

```
3 3 9 5 5 2 ( 7 8 6
  2 5 1 5   ) ‾4‾3‾2‾
    1 5 7 2
      0 0 0
```

12

```
5 2 2 2 5 2 ( 9 7 8
  3 3 2 5   ) ‾5‾3‾4‾
    3 9 1 2
      0 0 0
```

Autres exercices d'après la même méthode.

13

```
1 2 3 4 5 6 7 8 9 0 ( 8 6 0 4 2
  3 7 4 1 4 7       ( ‾1‾4‾3‾4‾8‾
    2 9 9 7 9 8
      4 1 6 7 2 9
        7 2 5 6 1 0
          3 7 2 7 4
```

14

```
1 2 3 4 5 6 7 8 9 0 ( 9 7 1 5 3
  2 6 3 0 3 7       ) ‾1‾2‾7‾0‾7‾
    6 8 7 3 1 8
      7 2 4 7 9 0
        4 4 7 1 9
```

15

```
2 3 4 5 6 7 8 9 0 1 ( 3 6 5 4 7
  1 5 2 8 5 8       ( ‾6‾4‾1‾8‾2‾
    6 6 7 0 9
      3 0 1 6 2 0
        9 2 4 4 1
          1 9 3 4 7
```

16

```
2 3 4 5 6 7 8 9 0 1 ( 8 2 9 0 1
  6 8 7 6 5 8       ) ‾2‾8‾2‾9‾4‾
    2 4 4 5 0 9
      7 8 7 0 7 0
        4 0 9 6 1 1
          7 8 0 0 7
```

17

```
3 4 5 6 7 8 9 0 1 2  ) 5 7 4 3 9
    1 0 4 4 9 0        ─────────
      4 7 0 5 1 1      6 0 1 8 1
      1 0 9 9 9 2
        5 2 5 5 3
```

18

```
3 4 5 6 7 8 9 0 1 2  ) 6 4 2 5 7
  2 4 3 9 3 9          ─────────
    5 1 1 6 8 0        5 3 7 9 6
      6 1 8 8 1 1
      4 0 4 9 8 2
        1 9 4 4 0
```

19

```
4 5 6 7 8 9 0 1 2 3  ) 5 7 4 3 9
  5 4 7 1 6 0          ─────────
    3 0 2 0 9 1        7 9 5 2 5
    1 4 8 9 6 2
      3 4 0 8 4 3
        5 3 6 4 8
```

20

```
4 5 6 7 8 9 0 1 2 3  ) 6 2 8 5 7
  1 6 7 9 0 0          ─────────
    4 2 1 8 6 1        7 2 6 7 1
    4 4 7 1 9 2
        7 1 9 3 3
        9 0 7 6
```

21

```
5 6 7 8 9 0 1 2 3 4  ) 5 7 4 3 9
  5 0 9 3 9 1          ─────────
    4 9 8 7 9 2        9 8 8 6 8
      3 9 2 8 0 3
        4 8 1 6 9 4
        2 2 1 8 2
```

22

```
5 6 7 8 9 0 1 2 3 4  ) 6 2 8 5 7
  2 1 7 1 2            ─────────
    2 9 1 4 1 3        9 0 3 4 6
      3 9 9 8 5 4
        2 2 7 1 2
```

23

6 7 8 9 0 1 2 3 4 5 ⎱ 7 5 4 3 9
  7 5 3 8 9 2 ⎰ 8 9 9 9 3
    7 4 9 4 1 3
      7 0 4 6 2 4
        2 5 6 7 3 5
        3 0 4 1 8

24

6 7 8 9 0 1 2 3 4 5 ⎱ 8 2 6 5 7
  1 7 6 4 5 2 ⎰ 8 2 1 3 4
    1 1 1 3 8 3
      2 8 7 2 6 4
        3 9 2 9 3 5
        6 2 3 0 7

25

7 8 9 0 1 2 3 4 5 ⎱ 7 9 3 4 5
  7 4 9 0 7 3 ⎰ 9 9 4 5
    3 5 9 6 8 4
      4 2 3 0 4 5
      2 6 3 2 0

26

7 8 9 0 1 2 3 4 5 ⎱ 8 2 6 5 7
  4 5 0 9 9 3 ⎰ 9 5 4 5
    3 7 7 0 8 4
      4 6 4 5 6 5
      5 1 2 8 0

27

8 9 0 1 2 3 4 5 6 7 ⎱ 9 7 3 4 5
  1 4 0 1 8 4 ⎰ 9 1 4 4 0
    4 2 8 3 9 5
      3 9 0 1 5 6
        7 7 6 7

28

8 9 0 1 2 3 4 5 6 7 ⎱ 9 6 5 7 8
  2 0 9 2 1 4 ⎰ 9 2 1 6 6
    1 6 0 5 8 5
      6 4 0 0 7 6
      6 0 6 0 8 7
      2 6 6 4 9

7

29

```
9 0 1 2 3 4 5 6 7 8 ) 9 7 3 4 5
  2 5 1 2 9 5          ( 9 2 5 8 1
    5 6 6 0 5 6
      7 9 3 3 1 7
        1 4 5 5 7 8
          4 8 2 3 3
```

30

```
9 0 1 2 3 4 5 6 7 8 ) 9 6 5 7 8
  3 2 0 3 2 5          ( 9 3 3 1 6
    3 0 5 9 1 6
      1 6 1 8 2 7
        6 5 2 4 9 8
          7 3 0 3 0
```

Dijon, imp. J.-E. RABUTOT, place Saint-Jean, 1 et 3.